[TRAITÉ] D'AGRICULTURE

A L'USAGE DES ÉCOLES

ET DES AUTRES ÉTABLISSEMENTS D'INSTRUCTION PUBLIQUE,

Où sont soigneusement développées toutes les questions d'agriculture contenues dans le Programme d'enseignement pour les Ecoles normales primaires, publié par S. Exc. M. le Ministre de l'Instruction publique, le 31 juillet 1851 ;

Livre de lecture courante pour les Ecoles primaires ;

Par Eugène GROLLIER,

Ex-Bâtonnier de l'Ordre des Avocats, qui a été honoré, comme agriculteur et pour avoir composé ce livre, de plusieurs médailles, dont une, d'or, lui a été décernée par M. le Ministre de l'Agriculture.

Autorisation et récompense décernée, voir au verso du faux titre.

Quatrième Édition.

Prix : 1 fr. 50 c., franco, ou 1 fr. 10 c., port non compris.

A MONCONTOUR, arrondissem^t de Saint-Brieuc (Côtes-du-Nord),

CHEZ L'AUTEUR ;

A PARIS,

CHEZ Mme Ve MAIRE-NYON, LIBRAIRE,

QUAI CONTI, 13.

1857.

TRAITÉ

D'AGRICULTURE.

SOCIÉTÉ POUR L'INSTRUCTION ÉLÉMENTAIRE,

12, rue Taranne, Paris.

Extrait du procès-verbal de la séance générale du 25 juin 1854, de la Société pour l'Instruction élémentaire fondée a Paris en 1815, reconnue établissement d'utilité publique, ordonnance du 27 avril 1831.

(1ʳᵉ *Médaille.*)   Paris, 25 juin 1854.

La Société pour l'instruction élémentaire, réunie en assemblée générale du 25 juin 1854, après avoir entendu le rapport de M. Waille, au nom des comités des livres et des méthodes, décide qu'une médaille de bronze sera décernée à M. Grollier, pour son ouvrage intitulé TRAITÉ D'AGRICULTURE A L'USAGE DES ÉCOLES, et M. le Président remet cette médaille à l'auteur au milieu des applaudissements de l'assemblée.

Le Rapporteur,   WAILLE.

Pour copie conforme :

Le Président, A. MICHELOT.

GODART DE SAPONAY; JOMARD, P. HON.

———

A la sollicitation de l'Autorité préfectorale et du Conseil académique de Saône-et-Loire, Son Exc. M. le Ministre de l'instruction publique a pris une décision dont il a été donné avis à l'auteur par la lettre suivante :

Académie départementale de Saône-et-Loire. — Nᵒ 490.

Mâcon, le 7 mai 1853.

Monsieur,

Je m'empresse de vous annoncer que, par une décision en date du 6 courant, M. le Ministre m'a autorisé à tolérer dans les écoles l'usage de votre *Traité d'Agriculture,* jusqu'à ce que le Conseil impérial ait porté un jugement sur cet ouvrage.

Recevez, Monsieur, l'assurance de ma considération distinguée.

Le Recteur, Desroziers.

A M. GROLLIER, avocat, à Louhans (Saône-et-Loire).

Restez à la campagne;

Là sont le bonheur et les véritables richesses.

TRAITÉ

D'AGRICULTURE

A L'USAGE DES ÉCOLES

ET DES AUTRES ÉTABLISSEMENTS D'INSTRUCTION

PUBLIQUE,

Où sont soigneusement développées toutes les questions d'agriculture contenues dans le Programme d'enseignement pour les Ecoles normales primaires, publié par S. Exc. M. le Ministre de l'Instruction publique, le 31 juillet 1851;

Livre de lecture courante pour les Ecoles primaires;

Par Eugène GROLLIER,

Ex-Bâtonnier de l'Ordre des Avocats, qui a été honoré, comme agriculteur, de plusieurs médailles, dont une, d'or, lui a été décernée par M. le Ministre de l'Agriculture.

Autorisation, et récompense décernée, voir au verso du faux-titre.

Quatrième Édition.

A MONCONTOUR, arrondissemᵗ de Saint-Brieuc (Côtes-du-Nord),

CHEZ L'AUTEUR;

A PARIS,

CHEZ Mme Ve MAIRE-NYON, LIBRAIRE,

QUAI DE CONTI, 13.

1857.

Tout exemplaire non revêtu de la signature de l'auteur sera considéré comme contrefait, et tout contrefacteur ou débitant de contrefaçon sera poursuivi selon la rigueur de la loi.

Rennes, imprimerie de F. Péalat.

NOTICE

Concernant les récompenses honorifiques accordées à diverses époques à Eugène Grollier, *agriculteur praticien, auteur de cet ouvrage.*

Une seconde médaille d'argent lui a été décernée, le 10 août 1845, par un jury présidé par le maire de Poitiers, d'après le rapport de M. Béra, avocat-général, membre du Conseil municipal et de la Société d'agriculture, belles-lettres, sciences et arts, secrétaire-rapporteur.

Une troisième médaille d'argent lui a été délivrée par une Commission, composée de huit membres, du Comice agricole de Couhé (Vienne), qui avait été nommée pour visiter les exploitations les mieux dirigées. Voici un extrait du registre des délibérations de ce Comice qui constate ce fait :

« L'an 1847, le 8 novembre, le bureau d'administration s'est réuni sur les onze heures, etc.

» M. le Président a également fait connaître le résultat du travail de la Commission chargée de visiter les exploitations les mieux dirigées, entretenant le mieux la plus forte proportion du meilleur bétail....

» Votre Commission a trouvé que l'exploitation de M. Eugène GROLLIER était tout exceptionnelle et s'éloignait entièrement des méthodes usitées dans le pays ; elle a pensé que cette exploitation, qui déjà donne de grandes espérances, ne pouvait pas entrer en comparaison avec toutes celles qu'elle avait été appelée à visiter, et que les efforts de M. GROLLIER méritent une récompense particulière : elle lui a donc décerné une médaille d'argent en dehors du programme.

» Fait à Couhé, les jour, mois et an ci-dessus.

» *Signé :* C. DESMAREST, secrétaire;

» LARCLAUSE, président. »

Une quatrième médaille d'or a été accordée à M. Eugène GROLLIER par M. le Ministre, d'après le rapport d'un inspecteur d'agriculture. Voici la copie de la lettre qu'il a reçue, à cette occasion, du Ministère de l'agriculture et du commerce :

« *A M.* Eugène Grollier, *agriculteur à Sabouraux, canton de Couhé (Vienne).*

» Paris, le 31 mars 1849.

» Monsieur,

» J'ai l'honneur de vous annoncer que j'adresse aujourd'hui même à M. le Préfet de la Vienne, la médaille d'or qui vous a été accordée cette année par l'administration de l'agriculture, en récompense de vos utiles expériences et des louables efforts que vous avez faits pour introduire dans le pays où vous vous êtes fixé des industries agricoles nouvelles qui sont dignes d'encouragement.

» Recevez, Monsieur, l'assurance de ma considération distinguée.

» *Le Ministre de l'agriculture et du commerce,*

» L. BUFFET. »

« Paris, le 26 décembre 1855.

(5ᵉ *médaille.*) » *A M.* Grollier, *agronome à Ploërmel.*

» Monsieur,

» Le Comité dirigeant de la Société universelle, à Londres,

dans sa séance du 14 octobre 1854, vous a voté une MÉDAILLE D'HONNEUR, du grand module, pour vos deux excellents ouvrages intitulés : *L'Agriculture délivrée*, et *Traité d'Agriculture à l'usage des écoles.*

» Je viens donc vous inviter à faire prendre, le plus tôt possible, au Secrétariat de la Société, cette médaille et le diplôme qui l'accompagne.

» Je saisis cette occasion, Monsieur, pour vous renouveler l'assurance de ma très-haute considération.

Le Secrétaire général, Commissaire près de l'Exposition Universelle de France,

COMTE DE BRIGNOLES.

Certifié conforme à l'original qui nous a été présenté.
En Mairie à Ploërmel, le 2 janvier 1856.
Le Maire, DE PRÉAUDEAU.

Académie Nationale, Agricole, Manufacturière et Commerciale,

Secrétariat général, rue Louis-le-Grand, 24, à Paris.

Le but de l'Académie est d'encourager et de développer l'agriculture, d'aider le commerce et l'industrie, de propager toutes les découvertes utiles, de travailler avec vigueur à l'amélioration de ces trois branches importantes de la richesse nationale.

« Paris, 12 juin 1855.

(6ᵉ *Médaille.*)   » *A* M. GROLLIER, *agronome.*

» MONSIEUR,

» L'académie nationale, agricole, manufacturière et commerciale, sur le rapport de son Comité des récompenses, vous décernera, dans son assemblée générale du 20 de ce mois, une Médaille d'honneur, à titre de récompense, pour vos deux ouvrages intitulés : TRAITÉ D'AGRICULTURE A L'USAGE DES ÉCOLES et L'AGRICULTURE DÉLIVRÉE.

» Veuillez vous présenter à cette réunion ou désigner un représentant.

« Recevez mes cordiales salutations,

» *Le Secrétaire général,*   Aymar BRESSION. »

Extrait de la lettre qui a été adressée par M. DE LA MORLAIS, *membre du Conseil général du département du Morbihan, à* M. GROLLIER, *agronome à Ploërmel, au sujet de ses ouvrages :* Traité d'Agriculture à l'usage des Écoles *et* l'Agriculture délivrée.

« Vannes, le 6 septembre 1855.

» MONSIEUR,

» Je m'empresse de vous annoncer que le Conseil général, appréciant l'utilité qu'il y aurait à répandre vos ouvrages : *Traité d'Agriculture à l'usage des Ecoles* et *l'Agriculture délivrée*, a voté une somme de 300 fr. pour en acheter et en distribuer des exemplaires.

« Veuillez agréer, Monsieur, l'expression de ma considération très-distinguée.

» Votre dévoué serviteur,

» DE LA MORLAIS. »

Extrait du n° 40 *du Recueil des Actes administratifs de la Préfecture des Hautes-Pyrénées* (24 décembre 1855).

AVIS.

Le Préfet du département des Hautes-Pyrénées recommande

à MM. les Instituteurs et à MM. les Maires le *Traité d'Agriculture*, par M. Eugène Grollier ; c'est un ouvrage qui lui paraît bon à introduire dans les écoles pour y donner des notions d'agriculture aux élèves les plus avancés.

Il verrait donc avec plaisir que MM. les Instituteurs missent ce livre entre les mains des élèves qui composent les deux plus fortes divisions de leurs écoles, afin qu'ils en fissent l'objet d'une lecture attentive deux ou trois fois par semaine, et il autorise MM. les Maires à joindre ce petit traité au nombre des ouvrages dont ils font l'acquisition en faveur des élèves indigents.

INTRODUCTION.

J'ai composé ce livre parce que j'ai été fort surpris, en visitant, comme inspecteur, les écoles de campagne, qui ne sont fréquentées que par des fils de cultivateurs, de n'y trouver aucun ouvrage d'agriculture. Plusieurs hommes éclairés, auxquels j'ai communiqué cette remarque, ont pensé qu'il était très-malheureux qu'on ne se fût pas depuis longtemps appliqué à introduire dans les écoles rurales des livres indiquant les principales découvertes qui ont été faites depuis un siècle pour féconder la terre. En effet, il en est résulté que les enfants des cultivateurs, voyant qu'on ne leu parlait point du métier de leurs pères, se sont imaginé que labourer était la dernière des industries; dès-lors ils ont éprouvé du dédain pour leurs parents, et l'idée d'aller chercher un sort meilleur dans les grandes villes a germé dans toutes les jeunes têtes villageoises; de sorte que Paris surtout s'est rempli d'ouvriers qu'on n'a pu entretenir de travail, tandis que l'agriculture manquait de bras : les conséquences de ce funeste état de choses ont été, en 1847 la famine, et en 1848 la république et les désastreuses journées de juin.

Le passé prouve donc combien il importe que les enfants des cultivateurs restent à la campagne; le meilleur moyen pour obtenir cet heureux résultat est de leur apprendre à retirer de la terre plus de revenu qu'elle n'en a généralement rapporté jusqu'à ce moment. Dans ce but, j'ai fait des recherches dans les meilleurs auteurs modernes français et étrangers ; j'en ai extrait ce qui m'a paru le plus intéressant, en m'attachant surtout à consigner les progrès faits depuis 60 ans par l'art agricole ; ces progrès permettent de rendre extrêmement fertile un sol resté stérile depuis le commencement du monde. Telles sont les matières dont mon livre est le résumé.

Il est à remarquer que les gages des domestiques augmentent continuellement, parce que l'attraction que les grandes villes exercent sur la population rurale se fait de plus en plus sentir ; mais, en mettant de bonne heure entre les mains des jeunes villageois des livres propres à leur inspirer l'amour des travaux des champs, ces jeunes gens prendront insensiblement du goût pour l'agriculture ; peu à peu ils éprouveront le désir d'essayer quelques-uns des procédés dont ils auront lu la description : tandis que leur imagination sera occupée de ces innocents projets, ils travailleront à la terre avec moins d'indifférence ; l'espoir de pouvoir parvenir à s'enrichir dans leurs villages éloignera de leur esprit l'idée de quitter le lieu de leur naisance, et les bras deviendront moins rares à la campagne aux époques où l'on en a le plus grand besoin. Ces gens, que l'on accuse avec raison aujourd'hui d'arrêter l'essor de l'agriculture par leur ignorance en cette matière, par leur routine et leur force d'inertie, ayant été initiés dans les écoles primaires aux procédés nouveaux que les hommes de progrès voudront leur faire pratiquer, seconderont ces derniers avec ardeur, au lieu de les contrecarrer, comme cela arrive maintenant.

D'un autre côté, la classe des manœuvres agricoles s'en trouvera beaucoup mieux, car l'expérience prouve que les campagnards qui vont dans les grandes villes, et surtout à Paris, y manquent d'ouvrage les trois quarts de l'année; que la nécessité les force le plus souvent de devenir malfaiteurs, et qu'ils terminent ordinairement leur vie de la manière la plus déplorable, dans les cachots, en exil, et quelquefois sur l'échafaud, tandis que s'ils étaient restés à la campagne, en s'appliquant à cultiver leurs champs et à bien soigner leurs bestiaux, ils auraient acquis une modeste aisance, et ils auraient vécu heureux au milieu de leurs familles!.....

Il ne suffit pas d'être actif et instruit en agriculture, de confier les semences à la terre en temps et lieux convenables, et de donner aux végétaux les façons et aux troupeaux les soins qui leur sont nécessaires : car combien de fois le cultivateur n'a-t-il pas vu ses espérances déçues au moment où elles allaient se réaliser !

Après les semailles, quand votre grain est né, des insectes malfaisants et voraces peuvent le ronger, alors qu'il est transformé en une plante extrêmement délicate; une température trop douce peut déterminer une végétation prématurée, qui, arrêtée par un froid subit, sera suivie de stérilité; des torrents dévastateurs, descendus des montagnes, peuvent emporter vos blés et même le sol végétal de vos terres; enfin, un froid intense peut vous enlever en quelques semaines le fruit de vos longs et pénibles travaux.

Au printemps, des myriades de chenilles peuvent dévorer en peu de jours les feuilles et les bourgeons de vos arbres.

Enfin, au moment de moissonner ou de vendanger, un orage, laissant échapper de ses flancs une grêle meurtrière, peut mettre en pièces les épis et les raisins qui vous remplissaient la veille d'espérance et de joie.

Pendant ces désastres, qu'aucune science humaine ne peut conjurer, glacés de crainte et d'effroi, vous reconnaissez alors qu'il se trouve une puissance au-dessus de l'homme. Abattus, consternés, vous réfléchissez à votre néant, et vous concevez combien vous êtes peu au milieu des merveilles de l'univers.

Mais, revenant bientôt de votre terreur, vous écoutez de nouveau avec crédulité les discours insensés de blasphémateurs qui nient l'existence de Dieu : cependant le magnifique spectacle de la nature ne suffit-il pas seul pour confondre les athées ? Songez, en effet, que la majeure partie des étoiles qui scintillent au-dessus de nos têtes sont autant de soleils autour de chacun desquels un grand nombre de planètes, telles que la terre, roulent au milieu de l'espace, sans appui, sans se heurter, et sans jamais dévier de leurs routes !

Est-il croyable que cet astre resplendissant de lumière, source de la chaleur bienfaisante qui fait mûrir les moissons, et dont nos faibles regards ne peuvent seulement pas supporter l'éclat, soit l'ouvrage des hommes ou du hasard ? Non, sa magnificence révèle au-dessus de nous, misérables créatures, la puissance invisible de Dieu, qui soutient dans les airs les corps célestes, leur communique le mouvement, fait fructifier les semences que le cultivateur confie à la terre, multiplie les troupeaux, et change un pépin presque imperceptible en un arbre colossal !

Il résulte donc de tout ce que nous venons de dire précédemment, et aussi des paroles de saint Paul, que « ce n'est pas celui qui plante qui est quelque chose, » ni celui qui arrose, mais Dieu, qui donne l'accrois- » sement. » Ainsi, lorsqu'un cultivateur a mis tous ses soins pour bien faire ses semailles, il lui reste encore une grande tâche à remplir afin d'obtenir une bonne récolte, c'est de se rendre le maître de l'univers favorable. Voici comment il faut agir pour atteindre à ce but ; le Seigneur nous l'enseigne lui-même, car il disait autrefois à son peuple, et dans la personne de celui-ci il dit à tous les peuples d'aujourd'hui (Livre du *Lévitique*, et *Deutéronome*) : « Si vous marchez selon mes » préceptes, si vous gardez et pratiquez mes comman- » dements, je vous donnerai les pluies propres à chaque » saison ; vos terres produiront des grains, et vos » arbres seront remplis de fruits ; vous serez dans » l'abondance de toutes sortes de biens ; vos bestiaux » prospèreront et se multiplieront ; vous vivrez sans » inquiétude et sans crainte, car j'établirai la paix » dans l'étendue de votre pays.

» Mais, si vous n'écoutez point mes commandements, » j'enverrai parmi vous l'indigence et la famine, et je » répandrai ma malédiction sur tous vos travaux, qui

» seront rendus inutiles, pour vous punir de vos actions
» pleines de malice.

» Vous sèmerez beaucoup de grains dans vos terres,
» et vous en recueillerez peu ; vous planterez la vigne
» et vous la labourerez, mais vous n'en boirez pas le
» vin et vous n'en recueillerez rien, parce qu'elle cou-
» lera ou sera gâtée par les vers.

» La nielle consumera tous vos arbres et les fruits
» de votre terre. »

Ne semblerait-il pas que ces menaces doivent avoir leur accomplissement de nos jours, où l'on remarque dans les masses tant d'irréligion et de méchanceté !

Toutes les calamités qui désolent l'humanité depuis quelque temps sont assurément bien de nature à nous inspirer de sérieuses réflexions à ce sujet.

N'oublions pas, non plus, que le travail est la condition, la destination de l'homme..... Que de vaines pensées, que de mauvaises inspirations nous assailliraient si nous n'étions pas protégés par la nécessité du travail, qui éloigne les illusions en nous ramenant sans cesse au positif et au vrai ! Le travail met en jeu toutes nos facultés ; il les aiguise, il les fortifie. S'il est un frein dont nous avons besoin, il est aussi pour nous une consolation et la source des plus nobles jouissances (1).

Inspirons donc de bonne heure aux enfants l'estime et le goût du travail.

(1) Coquille.

Examinons maintenant quel est le genre d'occupation que l'on doit préférer. Le séjour dans les manufactures est nuisible au corps et à l'âme : au corps, parce que l'expérience prouve que les ouvriers employés dans ces établissements ont une vieillesse prématurée, attendu qu'ils respirent continuellement un air impur, tant dans les fabriques où ils sont entassés que dans les logements insalubres où la nécessité les force de se retirer pendant la nuit ; à l'âme, parce que, dans ces grandes agglomérations d'hommes, un sujet pervers suffit pour gâter tous ceux avec lesquels il se trouve en contact : d'ailleurs, cette classe a, en général, des habitudes très-licencieuses.

Les travaux de la campagne, au contraire, prolongent l'existence ; ils sont essentiellement favorables à la conservation des bonnes mœurs ; et, comme « tout » fleurit dans un état où fleurit l'agriculture, » a dit Sully, c'est donc vers cette dernière, plutôt que vers l'industrie, que l'on doit généralement s'efforcer de diriger les idées de la jeunesse, dans l'intérêt de la santé des masses, de la religion, de la morale, de la paix intérieure et de la prospérité publique.

A ces fins, il est urgent de mettre de bonne heure entre les mains des enfants de la campagne des ouvrages propres à leur faire aimer les travaux des champs ; je pense que le mien remplira ce but : puisse mon espoir se réaliser !

TRAITÉ D'AGRICULTURE.

CHAPITRE PREMIER.

De la Culture en général.

Terres fortes. — Terres franches. — Terres légères. — Terres calcaires. — Amendements. — Engrais.

Terres fortes (terrain argileux ou glaiseux).

Le terrain argileux a beaucoup de tenacité, il est très-compacte et très-adhérent, ce qui le rend fort difficile à façonner ; aussi faut-il souvent, pour le labourer, atteler quatre à six bêtes de trait : par ce motif, on l'appelle fort. Il est susceptible de s'imprégner d'une grande quantité d'eau et de la retenir fort long-temps, ce qui fait que les plantes y résistent mieux à la sécheresse que dans le terrain sableux. La terre argileuse s'échauffe plus lentement que le sable, et perd sa chaleur plus vite que ce dernier ; de là vient qu'à circonstances égales elle sèche plus lentement que la terre sablonneuse, et la récolte y est plus tardive. Il n'est pas convenable, en été, de la travailler à l'état humide, car alors elle se prend en mottes ; il est avantageux, au contraire, de labourer ce sol avant l'hiver, car l'influence du froid le rend plus friable. L'air le pénètre plus diffi-cilement, à cause de sa tenacité ; ce qui fait que l'action du fumier s'y maintient plus longtemps que dans le sol sablonneux. C'est par ce motif que l'on donne aux terres fortes une bonne fumure, seulement tous les trois ou quatre ans, tandis qu'il faut fumer les terrains sablonneux tous les ans ou tous les deux ans.

On parvient à améliorer le terrain argileux et à en diminuer la tenacité, en le mélangeant avec des terres légères meubles, comme, par exemple, de la terre et de la marne sablonneuses et calcaires, ou avec des plâtras de démolitions.

Parmi les céréales, le froment et l'avoine conviennent particulièrement aux terres fortes, pour peu qu'elles soient plus humides que sèches, ce qui est le cas le plus ordinaire. Les graminées vivaces y forment de bonnes prairies naturelles.

Les fèves y réussissent de préférence. Les pois, les vesces et les gesses, la chicorée, les choux, peuvent y procurer des fourrages ; les rutabagas, les choux-raves, les betteraves, le colza, le pavot et la moutarde y viennent bien.

Souvent le meilleur moyen d'utiliser ces sortes de sols est de les planter en arbres. Les bois blancs, bou-leaux, trembles, etc., y réussissent généralement ; con-duits en taillis ou en tétards, comme cela se pratique pour les oseraies, ils rapportent beaucoup.

Terres franches.

La terre franche est un mélange d'à peu près parties

égales de glaise ou argile et de sable. On la désigne par
le nom de terre franche légère lorsqu'il y a plus de
sable que de glaise ; avec une proportion de sable plus
forte encore, on l'appelle terre franche sableuse.

La terre franche est moins difficile à façonner que la
terre forte. Lorsque c'est le sable qui y domine, elle
retient mieux la chaleur ; elle conserve davantage l'humidité quand la glaise y est prépondérante. La terre
franche est le meilleur de tous les sols, car elle est
propre à la culture de presque toutes les plantes, et un
temps défavorable lui est moins nuisible qu'aux autres
terrains. La terre franche est particulièrement propice
aux céréales, aux farineux, au trèfle et aux plantes
fourragères, aux pommes de terre, aux navets ; à la
plupart des plantes commerciales, comme le colza, le
lin et le tabac, la garance, etc. L'orge réussit de préférence dans ce terrain ; on l'appelle, par ce motif, terre
à orge.

Terres légères ou sableuses.

Les terrains légers ou sableux offrent des inconvénients et des avantages diamétralement opposés à ceux
des argiles ; ils ne peuvent retenir l'eau au profit de la
végétation ; celle des pluies et des arrosements les traverse comme elle ferait d'un crible. Ils s'échauffent, à la
vérité, facilement au printemps ; mais, par la même
raison, ils se dessèchent promptement et deviennent
brûlants en été.

Leur culture est peu coûteuse ; il est toujours facile
de trouver le moment de les labourer ; car, quelque

humides que soient ces terres, elles ne forment jamais pâte, comme les argiles, et quand elles sont sèches elles n'offrent pas une grande résistance.

Elles n'exigent pas, d'ailleurs, des labours fréquents, parce qu'elles se laissent facilement pénétrer par les gaz atmosphériques et par les racines ; mais aussi leur mobilité les rend peu propres à offrir à ces dernières un point d'appui de solidité convenable.

Il est assez aisé d'amender les terrains sableux lorsqu'ils reposent sur un sous-sol d'argile, dont on peut ramener une partie à la surface en donnant un second trait de charrue au fond de chaque sillon.

Tous les amendements qui peuvent augmenter la consistance des sols sableux leur sont favorables. Nous conseillerons, par exemple, d'y introduire des argiles marneuses; leurs effets dépassent pour ainsi dire toute croyance.

Terres calcaires.

La chaux, lorsqu'elle se trouve sans mélange, est aussi impropre et plus impropre même à la culture que l'argile pure et le sable pur. Cependant, avec un mélange convenable d'argile et de sable, les terres calcaires peuvent devenir très-fertiles : elles sont faciles à façonner en temps de sécheresse, lorsqu'elles n'ont qu'une humidité moyenne; quand elles sont très-humides, elles deviennent souvent très-boueuses; mais elles sèchent toujours au bout de quelques jours, et redeviennent grenues; les labours pendant qu'elles sont humides ne leur nuisent pas autant qu'aux terres fortes.

Elles absorbent plus d'eau que la terre sableuse, et moins que les terres fortes et franches ; elles sèchent plus vite que le terrain argileux, ce qui fait que les plantes y deviennent souffreteuses dans les années arides. Le terrain calcaire ayant la propriété de s'échauffer rapidement et de retenir plus longtemps la chaleur, on le classe parmi les terrains chauds et brûlants. Il exige beaucoup d'engrais, qu'il décompose vite ; c'est le fumier des bêtes bovines, bien consommé, qui lui convient particulièrement. Ce sol absorbe l'acidité des végétaux en décomposition, et favorise par là la croissance de la plupart des plantes cultivées. Le terrain calcaire se prête spécialement à la culture du froment, de l'épeautre, de l'avoine, du blé amidonnier, de l'orge, de la luzerne, et surtout de l'esparcette. Une trop grande proportion de chaux ou de sable lui fait beaucoup perdre de sa valeur ; mais on peut l'améliorer en le mélangeant avec de l'argile ou de la marne argileuse.

Du sous-sol et de son influence.

On désigne sous la dénomination de sous-sol la couche de terre, de pierre ou de roche placée immédiatement au-dessous du sol cultivé, et sur laquelle repose celui-ci. Son influence sur les qualités des terres et l'avantage ou le désavantage que présente son mélange, en raison de sa nature, rendent son étude et sa connaissance très-importantes pour le cultivateur. Si ce dernier veut immédiatement obtenir une bonne récolte de céréales, sans s'embarrasser de l'amélioration progressive du sol, il doit s'abstenir de mêler, en labourant, une partie du sous-sol avec la couche de terre végétale que l'on a coutume de remuer ; parce que ce sous-sol, non imprégné d'engrais, et que n'a point fécondé l'influence atmosphérique, nuirait indubitablement aux premières récoltes.

Mais si le cultivateur veut améliorer le fonds de sa terre ; si, au lieu de s'occuper spécialement de la récolte d'une seule année, il veut agir en prévision de plusieurs récoltes, alors les labours profonds deviennent les plus avantageux, parce qu'ils augmentent l'épaisseur de la couche cultivable, donnent ainsi aux racines la possibilité de s'enfoncer plus avant, et les mettent en contact avec une plus grande étendue de matières alimentaires.

Par cette raison, la plante est mieux nourrie, les tuyaux sont plus gros, les végétaux tiennent plus au sol, et les pluies et les vents ne peuvent les renverser, les coucher que difficilement. Un autre avantage, c'est qu'un temps sec longtemps continué les fait moins languir, parce qu'une terre remuée profondément conserve longtemps de l'humidité dans ses couches inférieures. Enfin, les labours profonds enfouissent bas et font périr une foule de graines qui, enterrées moins profondément, auraient encore végété et nui à la récolte.

Imperméabilité du sous-sol pour les eaux.

C'est le plus communément à l'imperméabilité de la

couche inférieure qu'est due la trop grande humidité du sol. Lorsqu'il en est ainsi et que le terrain n'a pas de pente, l'eau ne pouvant ni s'égoutter, ni découler, est retenue comme dans un bassin, la terre meuble devient semblable à une bouillie, et cette humidité excessive est très-nuisible à la plupart des plantes cultivées.

On diminue cet inconvénient en donnant les labours par sillons suffisamment relevés, en pratiquant des écoulements dans les champs et dans les prairies au moyen de saignées plus ou moins profondes et nombreuses. En Angleterre, où l'excès de l'humidité a fait plus qu'en France chercher les moyens d'y obvier, on est dans l'usage de pratiquer de nombreux trous dans les terres où il se trouve au-dessous du sous-sol imperméable une couche perméable ; on doit faire ces trous dans les endroits où les eaux s'amassent davantage à la surface.

Moyens d'apprécier les qualités des sols.

L'apparence physique peut servir très-utilement à apprécier les qualités des sols.

Une terre brune ou de couleur jaune et divisée offrira les premiers indices de fertilité. A quelques centimètres, elle devra être assez humide et tenace pour s'agglomérer sous la pression des mains et redevenir pulvérulente ou facilement divisible entre les doigts.

Au premier coup-d'œil on peut souvent reconnaître un sol de mauvaise nature : lorsque, par exemple, ses parties ne contractent aucune adhérence entre elles, qu'elles présentent de trè& larges crevasses durant les sécheresses, ou qu'elles se couvrent d'eau pendant les pluies et adhèrent très-fortement aux pieds comme à tous les ustensiles aratoires.

Les sols trop argileux ou trop sableux se dénotent très-bien, en général, après le labour et le premier hersage. Ainsi, la terre argileuse humide reste en mottes ou tranches consistantes.

Le sol sableux est alors, au contraire, pulvérulent, en grains sans adhérence, offrant à peine les traces de sillons.

Le sol meuble et la terre bien amendée, contenant des débris organiques, offrent dans les mêmes circonstances une forme moins pulvérulente ; ses parties adhèrent légèrement entre elles, en sorte que les sillons y restent largement tracés.

De l'humus.

Par humus on entend une masse pulvérulente, meuble, légère, noirâtre, formée par les détritus de la putréfaction des substances animales et végétales, et que l'on désigne vulgairement par le nom de terreau. En délayant l'humus dans de l'eau, on obtient une liqueur brune ; c'est cette matière brune, soluble dans l'eau, qui, absorbée par les extrémités du chevelu des racines, forme la principale nourriture des plantes. Cette substance est introduite dans le sol par les différents engrais ; elle produit de très-bons effets, non-seulement comme fumier, mais encore comme amendement, en rendant plus meuble et plus léger le terrain argileux, qui en devient plus facile à façonner. L'humus s'imbibe de beaucoup d'eau et la retient fort longtemps ; aussi une terre sableuse fumée avec un engrais consommé se maintient-elle humide plus longtemps qu'une terre de cette espèce non fumée. Il attire les vapeurs d'eau contenues dans l'air ; par là encore il est utile à la végétation. A cause de sa couleur noire, il s'échauffe vite, ce qui lui donne la propriété particulière de communiquer de la chaleur aux terrains froids.   (*Nicklès*.)

Des amendements.

Les amendements servent à diviser les terres trop compactes, à donner de la consistance aux terres sablonneuses et de la fraîcheur aux sols brûlants.

Les amendements et les engrais ont des effets différents. Les amendements changent en quelque sorte, pour un certain temps, la nature de la couche arable du sol. Une terre peu productive avant qu'on l'ait amendée, devient, après cette opération, pendant un assez grand nombre d'années, susceptible d'une grande fécondité pourvu que l'on continue de la fumer passablement.

Les amendements agissent principalement sur le sol ; cependant ils ont aussi une certaine action, comme engrais, sur les plantes.

Les engrais, au contraire, n'agissent pour ainsi dire que sur les plantes, auxquelles ils servent d'aliments.

Ainsi les amendements, en divisant la terre, lui permettent de recueillir les bienfaits des rayons du soleil et de l'atmosphère ; ils procurent aux végétaux la faculté d'étendre leurs racines en les mettant dans d'excellentes conditions pour profiter de la nourriture que les engrais leur fournissent. C'est pourquoi il est utile de fumer un sol qui a été amendé ; sans cela on épuiserait les terres.

Les principaux amendements sont : la chaux, les terres de route, les cendres de houille, et la marne.

Chaux.

La chaux est le plus précieux des amendements ; tout le monde sait qu'on l'obtient en chauffant extrêmement une espèce de pierre connue sous le nom de pierre calcaire.

La chaux est très-avide d'eau et d'acide carbonique, et c'est par ce motif qu'elle désorganise les substances végétales ou animales avec lesquelles elle se trouve en contact ; elle les corrode pour s'en assimiler les principes.

Lorsqu'on enfouit beaucoup de débris végétaux dans le sol, soit en défrichant une prairie usée, soit en ensevelissant dans la terre une grande quantité de mauvaises herbes ou une récolte verte cultivée pour engrais, on peut employer avantageusement la chaux : elle convertit en terreau tous les débris dont nous venons de parler, en s'emparant en même temps des acides qui se forment pendant la décomposition végétale, et en neutralisant leur action corrosive, qui nuit à la prospérité des plantes cultivées.

On emploie avec avantage la chaux dans les terres siliceuses, granitiques et schisteuses, dans les argiles compactes, dans les sols glaiseux ou gras, et dans presque tous les terrains où la digitale croit spontanément. Par l'emploi de la chaux, on change souvent de mauvaises terres en terres de première qualité.

Les plantes tinctoriales réussissent très-bien dans un terrain qui a été chaulé.

On peut mettre cent vingt hectolitres de chaux par hectare dans les terres fortes ; il en faut beaucoup moins dans les terres légères, et pas du tout dans les terres calcaires très-divisées.

On ne doit pas employer la chaux en même temps que le fumier, parce qu'elle le décomposerait trop rapidement. Introduisez la chaux dans la terre au printemps lorsque vous donnerez le premier labour, et mettez votre fumier pendant l'automne en semant votre blé.

Des divers moyens d'employer la chaux sur le sol.

Trois procédés principaux sont en usage pour répandre la chaux. Le premier et le plus simple, celui qu'on emploie dans la plupart des lieux où la chaux est à bon marché, la culture peu avancée, la main-d'œuvre chère, consiste à mettre la chaux immédiatement sur le sol par petits tas, distants entre eux de 6 m. 30 en moyenne, et contenant, suivant les doses du chaulage, depuis 18 déc. jusqu'à 36 déc. cubes. Lorsque la chaux, par suite de son exposition à l'air, est réduite en poussière, on la répand sur le sol de manière à ce qu'elle y soit exactement répartie.

Il faut s'attacher avec beaucoup de soin à empêcher la chaux de se mettre en pâte avant qu'on l'ait introduite dans le sein de la terre ; cet inconvénient peut être déterminé par des pluies abondantes et prolongées survenant au moment où la chaux est répartie en petits tas sur le champ ; dans ce cas, il faut s'empresser de la préserver de l'humidité, en la couvrant comme nous allons l'expliquer ci-après.

Le deuxième procédé diffère du premier, en ce qu'on recouvre chaque tas de chaux d'une couche de terre de 0 m. 16 cent. à 0 m. 33 cent. d'épaisseur, suivant la grosseur des tas, et qui équivaut à cinq où six fois le volume de la chaux éteinte ; lorsque la chaux commence à se gonfler pour fuser, on remplit de terre les fentes et les crevasses qui se font dans la terre de l'enveloppe, et lorsqu'elle est réduite en poussière, on remanie chaque tas en mélangeant la terre et la chaux. Si rien ne presse dans les travaux, on recommence quinze jours après cette même opération, et après une troisième quinzaine on étend le tout sur le sol.

Le troisième procédé, usité dans les pays les mieux cultivés, lorsque la chaux est chère, et qui réunit tous les avantages des chaulages, sans offrir aucun de leurs inconvénients, consiste à faire des mélanges de chaux et terre ou terreau. Pour cela, on fait un premier lit de terre, terreau ou gazon de 0 m. 33 centim. d'épaisseur, d'une longueur double de sa largeur ; on recoupe les mottes de terre, on recouvre d'un lit de chaux d'un hectolitre par 6 m. 50 c. ou d'un tonneau par 45 pieds cubes de terre ; sur cette chaux, on place un second lit de terre, puis un second de chaux, et successivement un troisième lit de terre et de chaux qu'on recouvre encore de terre. Si cette dernière est humide et la chaux récente, huit à dix jours suffisent pour fuser la chaux ; on coupe alors et on mélange cette composition ; on la recoupe une seconde fois avant l'emploi, qu'on retarde autant que possible, parce que l'effet sur le sol est d'autant plus puissant que le mélange est plus ancien, plus parfait, et surtout lorsqu'il aura été fait avec de la terre contenant plus d'humus. Cette méthode est la plus usitée en Belgique, en Flandre ; elle devient presque exclusive en Normandie ; elle est seule pratiquée, et avec le plus grand succès, dans la Sarthe. La chaux ainsi préparée ne nuit jamais au sol, elle porte avec elle le surplus d'engrais que demande le surplus de produit. Les sols légers, graveleux ou sablonneux ne peuvent jamais en être surchargés. Enfin, ce moyen nous semble le plus sûr, le plus utile et le moins dispendieux d'appliquer la chaux au sol. (*Maison rustique du XIX*[e] *siècle.*)

Terres de route.

Les terres de route, surtout celles où domine le principe calcaire, ont le double avantage d'être amendement et engrais ; il est facile de concevoir qu'elles doivent contenir des éléments fertilisants, étant continuellement imprégnées des urines et des excréments des nombreux chevaux et autres bestiaux qui les parcourent.

Les terres calcaires de route sont avantageuses dans

1***

les sols granitiques; dans les terrains argileux, qu'elles rendent moins [compactes; dans les défrichements, où elles neutralisent l'effet des acides végétaux; et dans les champs siliceux, auxquels elles fournissent la chaux, qui leur est d'une grande utilité.

Les terres calcaires de route produisent de bons effets sur les vignes; enfin, leur emploi est avantageux dans tous les lieux où celui de la marne est favorable; plusieurs auteurs les estiment autant que cette dernière.

Cendres de houille ou charbon de terre.

Ces cendres ne contiennent pas les mêmes éléments que celles de bois; il s'y trouve moins de potasse que dans ces dernières; elles sont à la fois un amendement et un engrais : elles sont un amendement, parce que le carbonate de chaux, qui a la propriété de diviser l'argile, se trouve parmi elles en grande quantité; elles sont un engrais, parce qu'elles contiennent un peu de potasse et beaucoup de terre calcinée.

Marnes.

Les marnes se composent d'éléments calcaires et argileux; les marnes les plus estimées sont celles qui font effervescence dans de fort vinaigre ou dans l'acide sulfurique.

Pour que la marne produise de bons effets, il faut la laisser exposée de six mois à trois ans au contact de l'air. Elle augmente la fécondité des vignes, sans diminuer la qualité des vins.

En divisant les terres argileuses trop compactes et agissant en même temps un peu comme engrais, elle les rend beaucoup plus aptes à produire les céréales et les autres végétaux.

Il faut éviter d'employer la marne fraîche, c'est-à-dire nouvellement extraite, parce qu'au lieu de féconder le sol elle le rend moins fertile pendant plusieurs années.

Il est utile de réitérer l'opération du marnage tous les douze ou quatorze ans.

Des engrais.

Les engrais servent de nourriture aux végétaux : par leur emploi on entretient, on augmente la fertilité du sol ; c'est en fumant abondamment que les jardiniers obtiennent dans le cours d'une année plusieurs récoltes sur le même espace. Une petite étendue de terrain bien labourée, bien fumée, rapporte plus qu'un champ six fois plus vaste, de même qualité, dans lequel on n'a point mis d'engrais. Aussi, le propriétaire ou le fermier qui dirigent une exploitation rurale doivent-ils s'attacher, dès leur début, à produire de la manière la plus économique la plus grande quantité possible d'engrais.

On peut diviser les engrais en trois classes, savoir : en engrais organiques, inorganiques, et composts.

Les engrais organiques sont subdivisés en engrais végétaux, en engrais animaux et en engrais végéto-animaux.

Composts.

On appelle compost un mélange de différentes matières que l'on emploie pour fumer la terre.

Engrais organiques végétaux.

Engrais verts. — Les végétaux qui offrent le plus d'avantages comme engrais verts sont : le buis, l'ortie commune, le grand-soleil, le chardon-des-vaches et le chardon commun, le maïs encore jeune, le grand jonc de rivière, la fougère, le sarment, le jonc à plumasseau, les tiges de fève, les feuilles de chou, de rave, de navette et de betterave. Quelques agronomes prétendent qu'il est plus avantageux d'enfouir ces feuilles que de s'en servir pour fourrage ; elles conviennent surtout dans les terres chaudes. On emploie aussi avec succès au même usage la luzerne, les vesces, le trèfle, le sainfoin, le sarrasin ou blé noir. Il faut enfouir ces végétaux au moment où ils sont en fleur. Les bons effets du trèfle sont incontestables ; quelques-uns vantent aussi beaucoup le buis. Toutefois, les engrais verts occupent un rang inférieur ; ils conviennent plutôt aux terres légères qu'aux terres fortes. On les emploie dans les lieux escarpés où l'on ne peut pas conduire de chars ; dans des terrains chauds où l'élément calcaire domine ; dans des sables brûlants, où ils procurent de la fraîcheur aux racines des plantes ; dans les vignes de choix qu'on ne doit fumer que très-légèrement.

Les engrais verts ne conviennent pas aux terrains argileux.

Tourteaux de cameline, de noix, de colza, de navette, de chenevis. — Ces substances sont estimées comme engrais parce qu'elles contiennent une assez grande quantité d'azote ; elles conviennent mieux aux terres légères qu'aux terres fortes ; il en faut mille kilogrammes par hectare ; on les réduit en poussière, pour mieux les répandre, en les confiant à la terre.

Marc d'olive. — Cet engrais convient aux terres légères et brûlantes ; il sert surtout à fumer les plantations d'oliviers.

Marc de raisin. — Lorsqu'on a extrait de l'eau-de-vie par la distillation du marc de raisin, on emploie ce dernier à fumer les vignes de choix ; il leur fournit la potasse, qu'elles recherchent, et il entretient dans le sol léger où il se trouve une utile fraîcheur.

Résidus de féculerie. — Il vaut mieux les employer à nourrir les bestiaux que comme engrais. Cependant ils conviennent aux terres calcaires.

Engrais Jauffret.

Les cultivateurs qui n'ont pas le fumier nécessaire à leurs exploitations pourront facilement et surtout rapidement se procurer des engrais supplémentaires par la méthode Jauffret, que nous allons indiquer.

On se place sur un terrain légèrement incliné et battu, afin qu'il soit moins facilement pénétré par les liquides, et près d'un réservoir d'eau croupie, d'eau de fumier, ou d'une petite citerne construite dans le but qui nous occupe ; on jette dans cette eau du crottin, des débris et des eaux de cuisine, de la suie, du sel, du salpêtre ou de la terre salpêtrée ; on forme ainsi un levain, c'est-à-dire un liquide chargé d'alcalis et de substances azotées, qui fermente promptement.

Quand ce levain est formé, on entasse sur le terrain battu toutes les mauvaises herbes que l'on a pu se procurer : des restes de meules, de la menue paille, des bruyères, des roseaux, des fougères, des chardons, des genêts, enfin toutes les plantes inutiles ou nuisibles, tous les débris végétaux que l'on tient à sa dispostion. Il est à propos, avant de les mettre en tas, de les écraser ou de les hacher.

Lorsque toutes ces substances végétales sont entassée et foulées, on arrose abondamment le tas avec le levain liquide du réservoir, que Jauffret appelle sa lessive ; on arrose ainsi plusieurs fois, à deux ou trois jours de distance ; la meule ne tarde pas à s'échauffer ; elle fume bientôt comme du fumier de cheval au sortir de l'écurie, et répand, dès le cinquième jour, l'odeur caractéristique de la litière.

Si le tas est composé de végétaux tendres, la décomposition est complète après douze ou quinze jours ; mais il faut un mois pour décomposer convenablement des végétaux durs, comme des genêts, des bruyères, de petits rameaux d'arbres.

Nous conseillons aux personnes qui voudront préparer l'engrais Jauffret de former à la base de la meule un bourrelet de terre glaise, interrompu par une rigole en communication avec la citerne ou réservoir à lessive. De cette manière, les égouts du levain avec lequel on arrose le tas pourront être recueillis et servir de nouveau. Pour que la fermentation se produise bien dans la meule, il est nécessaire d'y pratiquer des trous de haut en bas, afin que la lessive pénètre suffisamment les couches.

Cet engrais n'a pas, à beaucoup près, les qualités merveilleuses qu'on y attachait dans l'origine ; mais il a les propriétés communes aux bons composts ; il convient surtout dans les terrains chauds de nature calcaire.

Engrais organiques de nature animale.

Sang. — Après avoir recueilli du sang d'abattoir, quelques-uns le répandent sans préparation aucune sur les terres ; d'autres, avant de le répandre, le mêlent avec une certaine quantité d'eau. M. Payen conseille de s'en servir à l'état sec après l'avoir réduit en poudre. Le sang convient surtout dans les terrains argileux et froids, et pour la culture des plantes épuisantes.

Chair des animaux morts. — Au lieu de laisser dévorer par les chiens et les loups les animaux morts, il faut en décomposer la chair avec de la chaux vive et en former des composts terreux. Voici comment on peut s'y prendre : On entr'ouvre le ventre de l'animal et on le remplit de chaux vive, puis on couvre toutes les parties de son corps d'une couche épaisse de la même substance, ensuite on amoncelle sur ce corps une assez grande quantité de terre ; on a soin de passer cet amas plusieurs fois à la pioche avant de s'en servir. Cet engrais convient à la plupart des terrains.

Les poissons pourris sont aussi un engrais très-puissant.

Sabots de chevaux, cornes, os, poils et plumes.
— Toutes ces substances constituent de bons engrais.
Les sabots de chevaux, surtout, ont des qualités fertilisantes très-énergiques; mais, comme il est assez difficile de s'en procurer une assez grande quantité, on
pourra s'en servir, ainsi que des poils, cornes et grosses
plumes de volaille, pour former des composts.

Quand aux os, on les broie et on les répand sur le
sol, ou bien on les brûle et on ajoute leurs cendres aux
autres engrais de l'exploitation.

Laine. — La laine conserve ses propriétés fertilisantes, quoiqu'elle ait été employée par l'industrie;
ainsi, on fera bien de se servir des vieux chiffons de
laine pour fumer certaines plantes et certains sols. Une
fumure en laine ne coûterait pas plus qu'une fumure
ordinaire, elle durerait plus longtemps.

La laine est riche en azote; elle contient, en outre,
une certaine quantité de soude, qui est nécessaire à
l'alimentation de la navette, du colza, du chou, de la
moutarde et de la pomme de terre.

Pour employer la laine, on la rend très-menue, soit
avec un couperet, soit avec une roue à crochets qui la
déchire par petits lambeaux; puis, par un temps calme,
on la répand et on l'enterre. La laine ne convient point
aux terrains où l'argile domine; cet engrais produit de
bons résultats dans les sols calcaires.

Urines et eaux-vannes. — Quand on arrose des
plantes avec de l'urine, il faut avoir soin de l'étendre
d'eau, parce que la décomposition de l'urine fraîche et

sans mélange pourrait être funeste aux végétaux ou leur communiquer une saveur désagréable. On peut utiliser l'urine de la famille en disposant en entonnoir, dans sa cour ou dans son jardin, un ou plusieurs tas de terre sur lesquels on verse tous les matins les vases de nuit; en ayant soin de remuer avec la pioche de temps en temps ces petits amas de terre, on en fait d'excellents composts.

On appelle *eaux-vannes* les eaux que contiennent les latrines; nous conseillons de les utiliser de la même manière que les urines, pour faire des composts.

Matières fécales; moyen de les désinfecter.

On évalue à quinze francs, en moyenne, la valeur vénale des excréments produits par une personne dans une année; les cultivateurs feraient donc bien de recueillir cet engrais. Voici le moyen d'ôter l'odeur infecte de ces matières :

On creuse une fosse, on la pave, on l'entoure avec des dalles jointes avec du ciment hydraulique, de façon que l'urine ne se perde pas. Pour désinfecter les matières fécales qu'on aura déposées dedans, on achète de la couperose verte ou sulfate de fer; on la fait dissoudre dans de l'eau chaude, en se servant d'une marmite ou d'une chaudière au rebut, puis on laisse refroidir; on jette ensuite dans la dissolution quatre à cinq poignées de chaux, autant de charbon en poudre, et même, si l'on veut, deux ou trois pelletées de suie, et on verse le tout dans la fosse à désinfecter. Deux ou trois kilogrammes de couperose suffisent pour opérer sur cent litres de matières dont on empêche ainsi la décomposition, et elles n'en valent que mieux pour engrais. Quand vient le moment de la vidange, on découvre la fosse, on l'arrose de nouveau avec la préparation que nous venons d'indiquer ; on mélange ensuite les matières sur place avec de la terre brûlée, et on ne cesse d'y jeter de cette terre que lorsque ces matières sont aussi divisées et aussi faciles à remuer que des cendres. On les retire alors de la fosse, et elles peuvent être employées immédiatement pour la fumure du sol; l'aspect n'en est plus répugnant, elles n'exhalent aucune odeur. Dans cet état, elles sont préférables à la poudrette, qui communique aux végétaux une saveur désagréable.

Colombine et guano.

On désigne sous le nom de *colombine* la fiente des pigeons ; on étend même cette dénomination à celle de tous les oiseaux de basse-cour, qui est bien inférieure en qualité à la précédente. La colombine de pigeonnier est très-riche en substance azotée, par conséquent elle est un engrais très-puissant pour la plupart des végétaux.

Le *guano* est la fiente d'oiseaux sauvages. On en a rencontré des bancs énormes dans les îles de la mer du Sud, et l'industrie s'en est emparée. Grâce aux réclames et aux annonces prodiguées dans les journaux, cet engrais a éveillé l'attention des cultivateurs. Un grand nombre d'essais ont été faits avec avantage d'abord ; puis est venue la falsification, qui a compromis la réputation de cet objet.

Larves et eaux des filatures de soie.

Partout où l'industrie séricicole existe, il faut recueillir avec soin les larves et les eaux où les cocons ont séjourné, afin de s'en servir ou directement comme engrais, ou pour enrichir des composts.

Engrais organiques de nature végéto-animale.

Fumier de cheval. — Ce fumier est, ainsi que celui de mouton, désigné par les cultivateurs sous le nom de fumier chaud. Il est, en effet, très-riche en azote, et par conséquent très-prompt à fermenter. Il convient à presque tous les végétaux, et doit être appliqué principalement aux terrains froids et humides.

Le meilleur fumier à l'usage du jardinier maraîcher, c'est le fumier de cheval. Ce fumier possède à un plus haut degré que tout autre la faculté de suspendre, par la dessiccation, la marche de sa fermentation et de recommencer à fermenter aussitôt qu'il est humecté de nouveau. Ainsi, à Paris, les maraîchers font provision de fumier d'écurie qu'ils mettent en monceaux fort élevés, à bases étroites, et très-peu tassés. Au moyen de perches qui les traversent horizontalement, ils établissent dans ces masses de fumier de cheval des courants d'air qui en opèrent le dessèchement rapide et complet. S'agit-il, à un moment donné, d'établir ou de réchauffer une couche? On démonte une meule de fumier de cheval; on mouille abondamment l'engrais étendu sur le sol, puis on monte immédiatement la couche, qui tout aussitôt entre en fermentation. Le fumier des bêtes à cornes, et celui des bêtes à laine ne produiraient pas cet effet avec la même certitude.

Fumier de mouton. — C'est un engrais très-actif et avantageux aux terrains argileux et froids ; mais il diffère du précédent par sa composition, dans laquelle entre une quantité notable de soufre, en raison des mêches de laine qu'il contient. Quelques agronomes estiment tant le fumier de mouton, qu'ils prétendent qu'il change les mauvaises terres en terres de première qualité. Il y en a cependant qui l'accusent d'altérer les produits des vignes fines, et de communiquer une saveur désagréable aux plantes délicates destinées à la nourriture de l'homme.

Par cela même qu'il contient du soufre en quantité notable, ce fumier convient parfaitement aux plantes de la famille des crucifères (chou, navette, colza, etc.).

Fumier de vache. — Celui-ci est réputé fumier froid ou frais ; et, en effet, il est plus aqueux, moins riche en azote, et, par conséquent, plus lent à fermenter que les deux précédents. C'est pour cela qu'il arrive souvent que les graines de toutes sortes qui s'y trouvent germent et se développent dans les champs. On dit alors qu'il fait jeter de l'herbe.

Si le fumier de vache est moins riche en substances azotées que le fumier de cheval, en revanche il est plus riche que ce dernier en sels de potasse ; il convient mieux à la culture des plantes de la famille des graminées, qui cherchent des sels de cette nature.

On peut sans inconvénient fumer les vignes fines avec

de l'engrais de vache très-décomposé ; car, dans cet état, il est privé de la plus grande partie de ses substances animales, et c'est la potasse qui agit principalement.

En raison de sa nature aqueuse, le fumier de vache produit d'excellents résultats sur les terrains calcaires, surtout dans les années de sécheresse. Il faut éviter de l'employer là où il y a déjà excès d'humidité.

Fumier de cochon. — C'est encore un fumier froid ou frais, plus aqueux que celui de vache, et d'ordinaire inférieur en qualité à ce dernier. Cependant M. Malaguti donne la préférence à l'engrais de porc.

Cet engrais convient aux terrains brûlants et aux plantes de la famille des graminées. C'est pour cela qu'il favorise d'une manière remarquable les céréales cultivées en terre calcaire, et que l'on en vante les effets sur les prairies naturelles.

Terreau.

On nomme terreau le fumier parvenu au dernier degré de décomposition et converti en une substance brune presque pulvérulente ; c'est ce qui arrive toujours au fumier qui a servi à établir des couches. Quand les couches ont produit tout leur effet et qu'elles doivent être rompues (c'est le mot reçu), le terreau qui provient de leur démolition est pour toutes les parties du potager un excellent amendement.

Le jardin potager réclame en outre certains engrais spéciaux propres à diverses cultures, notamment de la colombine (fiente de pigeon et d'oiseaux de basse-cour), pour les plantes potagères de la famille des cucurbitacées (courges, melons).

De l'emplacement pour la mise en tas des fumiers.

Conservation du fumier. — Ecoutez ce que faisait Dombasle dans sa fameuse ferme de Roville. Dans un emplacement rectangulaire, abrité par de grands arbres au midi ou par un hangar, il disposait les fumiers en élevant toutes les faces des tas aussi verticalement qu'on le ferait pour les murs d'un bâtiment ; et, pour que l'ancien fumier ne se trouvât pas toujours enfoui sous le nouveau, il conduisait deux à trois divisions contiguës, qu'il chargeait et élevait successivement, en leur donnant une hauteur de 2 mètres. De cette manière, outre qu'il connaissait l'âge des différentes parties de chaque tas, il lui était facile de ne pas mêler des fumiers de différente provenance, et de les utiliser suivant leurs qualités particulières.

Sous le rapport de leur énergie, les fumiers, à leur état normal, se classent dans l'ordre suivant :

1° Celui de pigeon ; 2° celui de chèvre ; 3° de mouton, de cheval, de vache, de porc.

Si l'intervention de l'air est indispensable pour provoquer la fermentation dans la masse du fumier, une ventilation trop active y est, au contraire, très-nuisible ; dans ce dernier cas, ou les phénomènes marchent trop rapidement et le fumier devient alors un véritable détritus presque inerte ; ou il se dessèche et devient comme de la paille qui aurait perdu la plus grande partie de ses principes azotés.

C'est pourquoi il importe que les tas soient pressés suffisamment pour que l'air n'y pénètre ni trop facilement, ni avec trop de peine. C'est ce dernier cas qui se présente lorsque le tas s'élève à la hauteur de 3 à 4 mètres. Si vous voulez en voir les tristes conséquences, observez-en l'intérieur à l'époque des fumures. Vous y verrez des taches blanches provenant de moisissures qui indiquent que l'air ayant fait défaut, la fermentation s'est arrêtée. Dès lors, les qualités qui constituent un bon fumier ont dû nécessairement s'amoindrir.

Une autre conséquence fâcheuse de ces grands entassements, c'est la différence notable qui existe entre chaque couche. Puisque vous ne pouvez pas fumer tout d'un coup, il est évident que les couches inférieures, étant les plus anciennes, seront les plus décomposées; mais, comme une décomposition trop avancée fait perdre au fumier une grande partie de sa valeur, il est évident que le dessous du tas sera loin de valoir le milieu et le dessus. Vous éviterez cet inconvénient en donnant au tas de fumier plus de surface et moins d'épaisseur. Une épaisseur de 2 mètres est plus que suffisante.

Puisque l'air détériore le fumier lorsqu'il le pénètre trop facilement, il faudrait en éloigner la volaille, qui, en le grattant, le rend plus perméable et dispose la masse entière à perdre de ses meilleures qualités.

Ainsi, pour que le produit des étables profite autant que possible, il est nécessaire qu'on n'en perde pas le jus; qu'il ne reçoive que l'eau qui le baigne sous la forme de pluie; qu'il soit entretenu humide par des arrosages au purin; que la hauteur du tas ne dépasse pas deux mètres; que le tassement de la masse soit uniforme et suffisamment serré; que les animaux, et notamment la volaille, n'en remuent pas la surface, et, enfin, qu'il soit abrité par de grands arbres du côté du midi : si les arbres font défaut, il importe qu'au moins, pendant les grandes chaleurs, il soit recouvert avec des branchages.

Voici quels sont les caractères d'un tas de fumier bien entretenu · la première couche aura à peu près le même aspect qu'elle avait au sortir de l'étable; la seconde donnera une très-légère odeur ammoniacale : à mesure que l'on descendra, on trouvera que la paille perd de sa consistance, devient fibreuse et se divise avec facilité; la couleur de la masse se fonce de plus en plus, si bien que, près du sol, elle devient tout-à-fait noire et répand l'odeur des œufs pourris.

Depuis plusieurs années, on s'est fort préoccupé d'améliorer les fumiers, en empêchant la déperdition de l'ammoniaque, qui, vu sa grande volatilité, peut s'évaporer et se perdre dans l'air.

Pour éviter cet inconvénient, on a eu l'idée d'introduire dans le fumier des substances capables de fixer l'ammoniaque, telles que la couperose verte, appelée par les chimistes sulfate de fer : en aspergeant de temps à autre le tas avec de l'eau tenant en dissolution de ce sel, il doit se former du sulfate d'ammoniaque, qui n'est pas volatil; par conséquent, la plus grande partie de l'azote qui se trouve dans le fumier au sortir de l'étable, y persiste jusqu'au moment de le porter dans les champs.

On peut obtenir le même résultat avec le plâtre, qui

est du sulfate de chaux. On s'est demandé si l'avantage que l'on tirerait de ces moyens compenserait l'inconvénient de transformer également en sulfates les carbonates alcalins propres au fumier. S'il n'y a pas lieu de douter que l'action de ces derniers sels sur la végétation soit plus prompte et plus efficace que celle des sulfates, on aura droit de demander si un tas de fumier, traité par le plâtre ou par le sulfate de fer, ne perdrait pas d'un côté ce qu'il gagnerait de l'autre. M. Boussingault prétend que lorsque le fumier est bien soigné, il perd si peu d'ammoniaque que les réactifs n'en constatent pas d'ordinaire le dégagement; mais on peut observer que, quelque faible que soit ce dégagement, il finira par devenir sensible, vu qu'il dure pendant plusieurs mois.

Au surplus, un tas qui d'ordinaire ne dégage pas d'ammoniaque suppose de l'habileté dans celui qui le soigne. Mais tel n'est pas le cas de nos fermes; et il se passera encore bien du temps avant que, chez nous, la confection du fumier soit devenue irréprochable. En attendant, de grandes quantités d'ammoniaque sont perdues pour l'agriculture; et aujourd'hui, je suis bien convaincu que l'avantage qu'il y aurait à éviter cette perte serait bien plus considérable que celui que l'on aurait à éviter la transformation des carbonates alcalins en sulfates.

On a aussi reproché à l'emploi du sulfate de fer, comme préservatif du fumier, de déterminer la transformation des phosphates solubles en phosphates insolubles de fer. En effet, si l'on verse une quantité con-

venable de dissolution de sulfate de fer sur une dissolution de phosphate de soude, il se formera un dépôt
qui contiendra tout l'acide phosphorique qui se trouvait
dans le liquide. Si l'acide phosphorique est aussi précieux pour les plantes que l'azote, pourquoi, a-t-on
dit, le rendre inerte en le rendant insoluble? Mais Monsieur Pierre a montré que l'eau, tenant en dissolution
de l'acide carbonique (et telle est l'eau des arables),
dissout le phosphate de fer aussi bien que le phosphate
de chaux : ce dernier sel, bien qu'insoluble par lui-
même, n'est pas moins fertilisant, comme tout le monde
sait.

Je crois donc qu'en somme il serait fort utile d'imiter
un grand nombre d'agriculteurs distingués qui depuis
longtemps introduisent dans le fumier soit une dissolution de sulfate de fer, soit tout simplement du plâtre,
et tous s'accordent pour dire que les fumures plâtrées
ou sulfatées produisent les récoltes les plus abondantes.

Le moyen de procéder est extrêmement simple. Dès
qu'on a formé une couche à l'aide du fumier retiré de
l'étable, on en arrose ou on en saupoudre la surface
avec l'agent préservateur. En supposant que la couche
ait été faite avec une charretée de 2,000 kilogrammes,
on y répandra 25 kilos de plâtre, ou bien on l'arrosera
avec 5 kilogrammes de sulfate de fer fondu dans un
égal poids d'eau.

La dépense ne serait pas considérable; bien entendu,
que l'on n'achetât pas le sulfate de fer chez les détail-
lants, qui vendent cette marchandise assez cher, vu son
faible débit.

M. Jamet affirme que ce moyen de conserver les fumiers ne monterait pas à plus de 1 fr. par charretée et que le bénéfice serait de 3 fr. au moins, tous frais faits ; de façon qu'une ferme qui produirait en un an cent voitures de fumier réaliserait un gain de 300 fr. Cela en vaut la peine.

Dans quelques localités, et notamment en Suisse, on améliore les fumiers au moyen de sel. On mêle le sel à de la terre pour répandre ce mélange sur chaque couche de fumier. M. Wilhelm de Fellenberg déclare que le fumier ainsi préparé agit sur les terres légères aussi favorablement que le fumier plâtré sur les terres fortes.

Ce que vous devriez faire pour le fumier, vous devriez le faire aussi pour le purin lorsque vous le réunissez dans un puisard.

La conservation du purin dans les fosses serait encore plus aisée que celle du fumier, car il ne s'agit que d'y jeter quelques poignées de sulfate de fer ou du plâtre, et de remuer avec un bâton pour faire cesser l'odeur ammoniacale, quitte à recommencer dès que l'odeur reparaîtrait. C'est ainsi que, l'époque des fumures arrivée, vous n'auriez qu'à jeter du terreau dans la fosse pour qu'il en absorbât tout le liquide : en retirant cette masse, et en la séchant au soleil, vous auriez ainsi un excellent engrais, qui sous quelques rapports vaudrait encore mieux que le fumier ; et si vous préfé27riez employer le jus de fumier à son état liquide, vous n'auriez qu'à y ajouter son volume d'eau avant d'arroser vos prairies ou vos champs ensemencés.

En Suisse, le sel est aussi employé pour améliorer le

purin : un peu moins de 500 grammes de sel par hectolitre dans les terres humides, et un peu plus dans les terres pierreuses et sèches. L'introduction du sel dans le purin se rattache à une anecdote assez curieuse.

Un paysan suisse avait fraudé un sac de sel : se voyant découvert, il jeta le sac dans la fosse à purin, où les gardes n'allèrent pas le chercher. Lorsque plus tard il voulut employer ce purin, il le fit avec une grande précaution, car il craignait de l'avoir rendu nuisible ; mais quelle ne fut pas sa surprise, en voyant que l'herbe du pré arrosé avec ce liquide salé était magnifique et préférée par le bétail. Le paysan réitéra l'expérience avec le même succès. Le fait s'ébruita tant et si bien qu'aujourd'hui les magasins du gouvernement suisse sont approvisionnés de *sel-engrais* (dung-salz), que l'on vend aux cultivateurs au prix de 5 fr. les 100 kilogrammes.

En nous résumant, nous vous engageons à placer votre fumier sur une légère éminence, afin de pouvoir recueillir au besoin les égouts qui en découleront, et puis choisissez l'exposition du nord : les couches supérieures des fumiers, moins maltraitées par les ardeurs de l'été, conserveront une valeur qu'elles n'ont point dans les fumiers exposés au midi. Tous les cultivateurs doivent savoir que, dans les années de grande sécheresse, les engrais perdent beaucoup de leur force ; et c'est pour cela qu'ils devraient, après avoir suivi les conseils qui précèdent, abriter leurs engrais contre les chaleurs trop vives et contre les pluies trop abondantes, qui sont encore plus nuisibles, parce qu'elles délavent les fumiers et en entraînent les sels vers les couches du dessous. Des hangars élevés et peu coûteux préviendraient ces pertes déplorables pour l'agriculture.

Il importe essentiellement à la qualité des fumiers qu'ils soient arrosés de temps en temps en été avec du purin, ou, à défaut de ce liquide, avec de l'eau ordinaire, afin que la fermentation se fasse dans des conditions régulières. Qu'on se rappelle aussi qu'il est avantageux de semer du plâtre à la surface des fumiers, soit au sortir de l'écurie, soit aussitôt la mise en tas achevée.

Souvent il arrive, par les temps de chaleur excessive, qu'un fumier mal entretenu, mal tassé, est exposé à la décomposition sèche, au blanc, à la moisissure ; c'est alors un engrais presque sans valeur, auquel on pourrait rendre quelque puissance en l'arrosant avec des eaux grasses, des eaux de fumier et des rinçures de futailles à vin.

Purin de fumier.

Nous nous plaignons constamment d'une disette d'engrais, et cependant nous en laissons perdre des quantités considérables. Pour ne citer ici qu'un exemple, ne voyons-nous pas dans des villages des mares d'eau de fumier dont on ne tire aucun parti, et qui engendrent journellement des fièvres? Au point de vue de l'économie rurale, comme au point de vue de l'hygiène, nous déplorons cet état de choses.

Le purin de fumier est un engrais fort riche en sels alcalins et en matières animales. Il serait d'un excellent effet sur la plupart des végétaux épuisants, surtout au moment de la pousse de ces végétaux ; on pourrait aussi l'employer d'une manière très-profitable dans les potagers, pour la culture des choux, par exemple.

Engrais inorganiques.

Cendres de bois. — Les cendres de bois sont le premier des engrais inorganiques, le plus riche en éléments fertilisants, le plus recherché des bons cultivateurs. On retrouve dans les cendres la plupart des sels solubles ou insolubles enlevés à la terre par les végétaux, tels que sels de potasse, de soude, de chaux, de magnésie, etc. On y trouve aussi de la silice, de l'alumine, des oxydes de fer et de manganèse, etc. Indiquer ces substances, qui toutes sont favorables à la végétation, soit comme amendements, soit comme nourriture, soit enfin comme toniques, c'est constater suffisamment, ce nous semble, l'efficacité des cendres comme engrais.

Elles sont très-favorables aux végétaux qui recherchent la potasse et la silice, tels que les céréales et la vigne. D'après M. Puvis, elles favorisent plus la production du grain que celle de la paille, et lui communiquent des qualités supérieures.

Ce n'est plus à l'état de cendres vives qu'on les emploie, mais à l'état de cendres lessivées ou charrée, et presque toujours dans les terres argileuses, attendu qu'elles les divisent, qu'elles les ameublissent, qu'elles les dégraissent. Les chimistes ne s'expliquent pas cette préférence accordée à la charrée sur les cendres vives, pour la culture des céréales dans les sols argileux ;

mais la pratique condamne leurs théories scientifiques.

Dans le département de l'Ain, ou du moins dans certaines communes de ce département, on fume les terres à blé avec moitié charrée et moitié fumier d'étable; alors on obtient des produits plus abondants qu'avec une fumure composée uniquement de cendres ou seulement de fumier.

Les cendres profitent beaucoup aux céréales, aux prairies naturelles, aux pommes de terre, et nous ajouterons aussi aux végétaux dont les racines pénètrent bas en terre.

Eaux de lessive. — Ces eaux jouissent des mêmes propriétés fertilisantes que les cendres, attendu qu'elles tiennent en dissolution la plus grande partie des sels contenus dans ces dernières.

Cendres de tourbe, cendres de plantes marines. — L'emploi de la tourbe comme engrais nécessite des précautions, des manipulations préalables telles, qu'il vaut mieux la brûler et se servir de ses cendres.

On utilise les cendres provenant des tourbières de la Picardie, pour activer la végétation des prairies naturelles et artificielles et des blés d'automne. On en répand 40 hectolitres par hectare, au prix de 40 centimes l'hectolitre pris sur les lieux.

Les cendres des plantes marines contiennent de la soude, et sont employées utilement pour toutes sortes de cultures, soit sans mélange, soit après les avoir fait entrer dans des composts.

Suie. — La suie produite par la combustion du bois est un engrais puissant. Elle agit avec énergie sur les prairies, et passe pour détruire les mousses, les prêles, et pour éloigner les insectes par son odeur empyreumatique. Sinclair conseille de la répandre sur les trèfles et les jeunes froments à la dose de 48 hectolitres par hectare.

Plâtras. — Les plâtras provenant des démolitions contiennent un peu de salpêtre, c'est-à-dire de la potasse et de l'azote ; ils contiennent aussi des azotates de chaux et de magnésie, c'est-à-dire encore des sels dans la composition desquels entre l'azote, donc ils ont de la valeur comme engrais. La betterave recherche les plâtras salpêtrés de préférence à tout autre engrais.

Plâtre. — Le plâtre, réduit en poudre, est semé à la volée dans la proportion de six à 700 kilogrammes par hectare. On choisit d'ordinaire pour cette opération une journée calme de printemps, après une rosée ou une pluie légère ; car, alors, quelques parties de plâtre peuvent se dissoudre et pénétrer dans le corps des plantes, qui se l'assimilent. Dans le cas où il y a sécheresse, l'assimilation n'a pas lieu, et par conséquent le plâtre ne produit pas d'effet sur la végétation. Tous les cultivateurs ont pu s'en convaincre par expérience.

Quelques personnes prétendent que les fourrages plâtrés finissent par compromettre la santé des animaux. Nous employons depuis longtemps le plâtre ; cependant nous n'avons jamais observé aucun fait qui justifie cette opinion ; elle nous paraît mal fondée.

Terres cuites. — Nos lecteurs savent probablement que les places à charbon de nos forêts sont extrêmement fertiles, et que l'on y cultive avec succès la pomme de terre, le froment, la navette, la moutarde, et cette espèce de pavot que dans le nord de la France on désigne sous le nom d'œillette, et ailleurs sous celui d'olivette. Nos lecteurs savent également que l'écobuage, c'est-à-dire la calcination des gazons sur place, équivaut le plus souvent à une bonne fumure ; que les cendres terreuses des mauvaises houilles sont d'un bon effet sur les sols en général ; que les terres provenant du curage des mares et des fossés gagnent beaucoup à être brûlées.

Ecobuer un sol argileux ou marneux, alors même qu'il ne s'y rencontrerait pas de débris végétaux, c'est fabriquer un engrais, c'est produire des silicates solubles.

Les terres cuites sont pour certaines plantes des engrais préférables aux meilleurs fumiers : après l'écobuage on obtient de bonnes récoltes, surtout de navette, de colza et de moutarde. Cependant en Bretagne, où les terres sont légères, l'écobuage passe pour être funeste.

Laitier. — On désigne sous ce nom les scories des hauts-fourneaux, qui se perdent dans le voisinage de nos forges toutes les fois qu'on ne juge pas à propos de s'en servir pour l'entretien des routes.

Si on l'emploie en trop grande quantité, on essuiera de fâcheux mécomptes, comme avec la marne : aussi nous recommandons de le mêler au fumier au moment de la mise en tas, c'est-à-dire d'en couvrir chaque lit. Ce nouvel engrais produira des effets d'autant plus sensibles qu'on le répandra sur des terrains très-calcaires. Il sera très-favorable aux graminées en général, c'est-à-dire aux céréales et aux prairies naturelles.

A la longue, le laitier se réduit en pâte sous l'influence seule de l'atmosphère ; il peut aussi être pulvérisé par des moyens peu coûteux.

Composts.

Les composts sont des engrais économiques composés de toutes sortes de substances organiques et inorganiques habituellement négligées ou perdues. M. Quenard, de Montargis, formait les siens de la manière suivante; il mettait : — 1° une couche d'herbages provenant d'étangs; — 2° une couche de chaux vive, de cendres et de suie; — 3° une couche de paille; — 4° une couche de chaux vive et de suie ; — le tout arrosé d'eau de temps en temps, jusqu'à décomposition complète.

Boues de ville.

Les boues de ville, si recherchées par les jardiniers intelligents, ne sont autre chose que des composts, d'autant plus riches que les populations sont plus malpropres. Après les avoir recueillies, on les met en tas et on les laisse fermenter en repos pendant quelques mois.   (*P. Joigneaux.*)

CHAPITRE II.

**Principales productions végétales de chaque département de la France. — Principales cultures;
leur rendement.**

Ain. Ce département est fertile en céréales d'hiver, maïs et sarrasin; on y récolte du vin, on y cultive le chanvre. Les habitants élèvent des vers à soie, des chapons et des poulardes. La cire et l'huile de noix font une grande partie du commerce de ce département qui est couvert de grandes forêts.

Aisne. Il produit des céréales, des artichauts, des graines oléagineuses, du chanvre, des fourrages naturels et artificiels qui nourrissent de nombreux bestiaux; on y estime les haricots de Soissons et le lin de Saint-Quentin. Parmi les grands bois de ce département on remarque les forêts de Villers-Cotterets et de l'Aronsaie.

Allier. Il fournit du vin, des céréales, des fourrages, des légumes, de bons fruits, des bois de chêne et de bouleau.

Alpes (Basses). Il produit de l'orge, de l'avoine, du seigle, des châtaignes, des pommes de terre, des oranges, des olives, des amandes, du vin, de l'eau-de-vie, du miel, de la cire, de l'huile de noix, des truffes, de la térébenthine, de la manne, de l'agaric; de la laine, de la soie, des cuirs, du beurre, des fromages, des fruits secs; on y trouve d'abondants pâturages et de nombreuses plantes aromatiques. On s'y livre à l'exportation des moutons.

Alpes (Hautes). Le sol de ce département est très-montagneux et couvert en partie par de belles forêts ; on y récolte du seigle, de l'avoine, peu de froment, des châtaignes, des fruits, des pommes de terre, du chanvre, des vins ; beaucoup de fromages.

Ardèche. L'aspect du pays présente des champs couverts de riches produits, des prairies en bon état, des vignes industrieusement échelonnées et donnant de bon vin, de vastes plantations de mûriers, au moyen desquels on élève beaucoup de vers à soie ; de nombreux vergers remplis d'arbres de toute espèce ; la récolte des céréales est insuffisante pour la consommation, mais on y supplée par les pommes de terre et par les châtaignes. Les figues et les olives y sont abondantes. Les prairies permettent d'entretenir d'excellents bestiaux.

Ardennes. Ce département produit des grains, des fruits, du chanvre, des vins communs ; la production des céréales dépasse les besoins de la consommation locale. On y élève de bons chevaux, des chèvres de cachemire et des moutons renommés.

Ariége. Il produit des céréales, des fruits, des pâturages, du chanvre, du vin, du bétail, des moutons, du bois.

Aube. On y cultive le froment, le seigle, l'orge, l'avoine, le sarrasin, la navette, le chanvre, les fourrages et la vigne. On y élève du gros bétail, des moutons, des volailles. Les forêts y sont assez étendues.

Aude. Ce département produit des céréales, du maïs,

des vins estimés, entre autres celui de Limoux, d'excellent miel de Narbonne, des figues, des olives ; le pays nourrit des mulets, des chevaux. Les vers à soie y sont l'objet d'un grand commerce.

Aveyron. La récolte en céréales et en vins suffit à la consommation ; on y trouve de bons pâturages, des chevaux, des moutons, de la laine, des fromages, des truffes. On y élève beaucoup de vers à soie.

Bouches-du-Rhône. Ce département dont un cinquième à peine du sol est livré à la charrue, récolte des céréales insuffisantes pour les besoins locaux ; les vins sont une production importante ; on cultive le riz, le tabac, la garance ; les fruits y sont bons et abondants. On élève des abeilles, des moutons mérinos, des chèvres. On y trouve de gras pâturages et de belles forêts.

Calvados. C'est un pays de céréales et d'herbages ; ces derniers permettent d'élever des moutons, des bêtes à cornes, de beaux chevaux. La culture des pommes de terre y est très-répandue ; le pays abonde en excellents légumes, on y récolte de la navette, du colza, du chanvre, du lin, du pastel, des pommes qui produisent d'excellent cidre. Le beurre et la volaille sont pour ce département une source de richesse.

Cantal. Il est peu fertile en grains, mais il produit d'excellents pâturages qui nourrissent de bons chevaux et beaucoup de bêtes à cornes. Il produit des pommes de terre, du lin, du chanvre. On y récolte un peu de vin.

Charente. Sa principale richesse consiste en vin, qui est, en majeure partie, converti en eaux-de-vie ; on connaît la réputation de celle de Cognac. Il produit en outre des céréales, des truffes, des pommes de terre, des châtaignes, des huiles de noix et de colza, du safran, du chanvre et du lin. Les pâturages y occupent plus de la neuvième partie du sol.

Charente-Inférieure. L'agriculture de ce département est florissante ; il produit des céréales, des pommes de terre, du vin, de bons légumes, des fèves dites de Marennes, de la moutarde, du safran, du lin, du chanvre, des bois de merrain et de construction.

Cher. L'agriculture y est peu avancée ; il produit cependant quelques céréales, des pommes de terre, des châtaignes, du vin, du lin, du chanvre. On y élève des chevaux, des bêtes à cornes, des moutons estimés, dont quelques mérinos. Le département contribue, pour une part notable, à l'approvisionnement de Paris, en porcs et autres animaux de boucherie.

Corrèze. Il est peu riche en produits agricoles ; toutefois, on s'y livre à l'élève des bestiaux sur une assez grande échelle. On y trouve de beaux chevaux, et des mulets. Le seigle, le sarrasin et l'avoine sont les principales récoltes ; le maïs est aussi cultivé, mais en petite quantité ; on y récolte également des châtaignes, des truffes et du vin commun.

Corse. Les légumes sont une des richesses de l'île, les haricots et les lentilles fournissent à une exportation importante pour l'Italie ; les fruits séchés et préparés sont aussi l'objet d'un commerce assez considérable. Les vins de Corse sont recherchés à cause de leurs qualités naturelles, car la culture de la vigne, aussi bien que la vinification y est fort imparfaite. Il produit également des céréales, du maïs, du millet, des pommes de terre, des olives, du tabac, du lin, du chanvre. On a fait d'heureux essais pour y naturaliser l'indigo, le coton, le café, la canne à sucre. Les montagnes de la Corse nourrissent une immense quantité de chèvres. Le sol est en partie couvert de grandes forêts. On y trouve beaucoup de citronniers, d'orangers et de châtaigniers.

Côte-d'Or. C'est à la fois un département agricole et vignoble. Il produit des vins excellents dont les plus renommés sont ceux de Chambertin, la Romanée, Clos-Vougeot, Saint-Georges, Beaune, Nuits, Pomard, Meursault. La culture des céréales est généralement bien entendue; on y récolte aussi du maïs, des pommes de terre, du chanvre, du lin, de la navette et du colza, les légumes verts et secs sont cultivés en grand; les habitants des montagnes s'adonnent à l'engraissement des bestiaux. On y trouve des chevaux de petite race, des bêtes à cornes, et de superbes forêts.

Côtes-du-Nord. Il est en général peu fertile. Cependant il produit du blé, du chanvre, du lin, des pommes à cidre, des abeilles, de très-bon beurre, des céréales et des pommes de terre. Les pâturages nourrissent de petits chevaux, des moutons et de très-bons animaux de la race bovine. Les campagnes qui environnent Saint-Brieuc et quelques autres points de la côte sont très-bien cultivés. Les plants de choux pour fourrage y sont l'objet d'un commerce assez considérable.

Creuse. On y récolte de l'avoine, du seigle, du sarrasin, un peu de froment et des pommes de terre. On y élève des moutons, des abeilles, des chèvres, et on engraisse des animaux de la race bovine et des porcs. On y trouve de grandes forêts.

Dordogne. Ce département produit des céréales, des pommes de terre, des châtaignes, des noix, du vin, de l'eau-de-vie, des truffes, des champignons ; on y élève des bœufs, des mulets, des ânes, et une race de porcs renommée.

Doubs. Le lin, le chanvre, le maïs, la pomme de terre, les arbres fruitiers, les légumes et la vigne y sont cultivés, ainsi que diverses plantes oléagineuses pour les usages locaux et pour le commerce. L'engraissement des animaux de la race bovine dite Comtoise, et surtout des porcs, l'élève des chèvres, des moutons et des chevaux, sont des branches importantes de l'industrie agricole de ce département. Près du septième de sa surface est en prairies naturelles. La fabrication des fromages y est aussi un objet important. On y trouve de belles forêts et de beaux bois de construction.

Drôme. Le sol de ce département est montagneux, on y trouve cependant quelques belles prairies. On y récolte des céréales, des pommes de terre, de la garance, des châtaignes, des légumes secs, des vins, parmi lesquels on remarque ceux de Die et ceux de l'Hermitage. On y élève des vers à soie, des chevaux, des bêtes à cornes, des moutons et des chèvres. Ce département renferme de belles forêts.

Eure. L'agriculture de ce département est arrivée à un haut point de perfection ; les vergers et les enclos occupent une étendue considérable. Le pommier et le poirier, dont les fruits servent à la fabrication du cidre et du poiré, boissons généralement en usage dans le pays, y sont soigneusement cultivés; on y récolte aussi des céréales, des légumes secs, des pommes de terre; on y élève des porcs. Les prairies fournissent de bons fourrages qui servent à nourrir des vaches, des mulets, des ânes et une belle race de chevaux connus sous le nom de chevaux Normands.

Eure-et-Loir. Ce département, qui faisait anciennement partie de la Beauce, est renommé pour sa fertilité; on y trouve de bons pâturages qui nourrissent du gros bétail. On y élève des mérinos; on y récolte beaucoup de céréales, de la gaude, du lin, du chanvre, toutes sortes de légumes, du vin, du cidre. La culture des pommes de terre y est moins répandue que celle des navets. On s'y livre en grand à l'éducation des abeilles.

Finistère. Il est peu fertile; on y récolte cependant des céréales, des pommes de terre, du lin, du tabac. La boisson générale est le cidre, dont on récolte environ 78,000 hectolitres. Les prairies sont bonnes; on y fabrique d'excellent beurre, on y recueille du miel estimé. On y élève de bons chevaux et des moutons. On y trouve quelques forêts.

Gard. Ce département est peu agricole, il ne fournit guère plus du tiers des céréales nécessaires à sa consommation. La châtaigne supplée au blé. On y récolte du maïs, des pommes de terre, de l'avoine, de la garance, des graines oléagineuses, des plantes médicinales, des eaux-de-vie et des vins qui jouissent d'une réputation méritée. Deux branches importantes du commerce de ce département sont aussi les olives et la soie. On y élève quelques moutons de petite espèce.

Garonne (Haute). Il produit des céréales, du maïs, des légumes secs, des pommes de terre, des fruits, du lin, des châtaignes, des truffes et du vin. On y élève des chevaux, des mulets et des ânes. On y engraisse des bœufs, des porcs et des volailles estimées.

Gers. C'est un département essentiellement agricole ; on y suit les bonnes méthodes de culture, le sol produit des céréales, du maïs, du vin, de l'eau-de-vie, des légumes secs, des pommes de terre. L'ail et l'oignon y sont cultivés en grand ; les pâturages y sont abondants, aussi élève-t-on des bœufs, des chevaux, des mulets, des ânes, des porcs et des volailles.

Gironde. C'est un département vignoble. Le blé qu'on y récolte est loin de suffire à la consommation locale. Les fourrages sont également insuffisants. Le sol produit cependant des céréales, du maïs, du millet, des légumes secs, des pommes de terre. Ses vins délicieux, sont la principale richesse du pays ; les plus renommés sont : le Château-Margaux, le Lafitte, le Grave, le Saint-Emilion et le Sauterne. On y élève beaucoup de bêtes à laine. Les forêts de ce département renferment des pins, des chênes lièges, et on trouve quelques orangers.

Hérault. Sol fort varié, sec et aride, cependant bon et fertile sous certains rapports ; il produit de l'huile d'olive, peu de froment, mais des vins muscats, rouges et blancs, des figues et des raisins qu'on fait sécher, des melons, des olives que l'on confit, des fruits, des mûriers blancs, des plantes médicinales et tinctoriales, de la soie, des pâturages, des bestiaux. On y élève beaucoup de moutons fort estimés. On y trouve des grenadiers, des citronniers et de grandes forêts de chêne.

Ille-et-Vilaine. Sol peu fertile, couvert en partie de forêts et de landes. On y récolte néanmoins du blé, du sarrasin, du seigle, de l'orge, du lin, du chanvre. On y fait un grand commerce de gros bétail, de moutons, de beurre excellent, de fromages, de poulardes et de toiles.

Indre. L'agriculture a fait peu de progrès dans ce département, une grande partie de son territoire est inculte. Cependant on y récolte des céréales, du vin, des pommes de terre, des châtaignes. Les laines de ce département sont renommées ; on y élève des moutons, des porcs, des chèvres, des oies et des dindons.

Indre-et-Loire. Il produit des céréales, des légumes secs, des fruits délicieux, des menus grains ; la récolte du vin et du chanvre est très-importante. On s'occupe aussi des abeilles et des vers à soie. Il y a de fertiles prairies et de belles forêts.

Isère. Ce département produit des céréales, du maïs, du millet, des pommes de terre, des légumes, de la soie, du vin, du chanvre et des fourrages. On y nourrit de nombreux troupeaux. Les fromages de Sassenage et d'Oysans sont justement estimés. On y trouve d'immenses forêts.

Jura. Il produit du vin, du blé, du chanvre, des noix, du maïs, du beurre et des fromages estimés, des plantes tinctoriales et médicinales. On y trouve de vastes forêts.

Landes. Ce département produit du seigle, du maïs, du froment, des pommes de terre, des légumes secs, des menus grains, des vins, de la résine, du safran, du lin et du chanvre. Le miel qu'il fournit est très-estimé. On y trouve de bons pâturages, des chevaux, et des porcs dits de bois, à chair fine.

Loir-et-Cher. Ce département est à la fois agricole et vignoble. L'agriculture y est en progrès ; le sol produit des céréales, des pommes de terre, du vin, du chanvre. On y élève du gros bétail, des moutons et des volailles.

Loire. Il produit, mais en petite quantité, des céréales, des pommes de terre, du chanvre, du colza, de la gaude, de la garance, des noix, des châtaignes. On y cultive le mûrier. On y trouve des bêtes à cornes, des mulets, des moutons, de grandes forêts et 13,000 hectares de vignes.

Loire (Haute). Ce département donne des légumes et des marrons. On y récolte également des céréales, des pommes de terre, du vin, des fruits, du miel renommé. On y élève des animaux de la race bovine et des moutons.

Loire-Inférieure. Ce département produit des céréales, des fruits, du lin, du chanvre, des chevaux, des bêtes à cornes, des abeilles et des chèvres.

Loiret. Il est fertile en céréales, en légumes, en pommes de terre, en vin ; on y fait aussi du cidre. Le pays produit des fruits d'excellente qualité, du chanvre, du lin, du colza, du safran. On y élève aussi du bétail.

Lot. Ce département est à la fois agricole et vignoble ; on y récolte des céréales, du maïs, du millet, du vin, des châtaignes, des noix ; la culture du tabac est autorisée dans ce département. Les truffes de ce pays sont connues dans le commerce sous le nom de truffes du Périgord.

Lot-et-Garonne. Il produit du chanvre ; ses prunes confites, connues sous le nom de prunes d'Agen, sont un objet d'exportation très-important ; on y récolte des figues sèches, dites de Clairac, des châtaignes, des céréales, du vin et des pommes de terre. On y nourrit du gros bétail, des mulets, des abeilles. Les forêts produisent des chênes-liéges.

Lozère. Ce département, peu fertile en général, produit quelques céréales ; on y récolte du chanvre, du lin, de la soie, beaucoup de châtaignes dont on fait sécher une partie pour l'usage de la marine ; le vin y est mauvais et en petite quantité. Les montagnes renferment d'excellents pâturages, où se nourrissent de nombreux troupeaux, dont la laine est mise en œuvre par une partie de la population.

Maine-et-Loire. Le sol de ce département est fertile ; il produit des grains, des fruits, des vins, du chanvre, du lin, de la cire, du miel ; les eaux-de-vie, l'huile de noix et les bestiaux y sont l'objet d'un commerce considérable ; on y prépare des pruneaux secs justement estimés. On y élève des chevaux et des moutons. Le département renferme d'excellents pâturages et de belles forêts.

Manche. Ce département est fécond, il rapporte des céréales, du lin, du chanvre, des pâturages, du beurre, des chevaux, des bœufs, des porcs, des moutons, des volailles, et du cidre, qui est la boisson ordinaire des habitants du pays ; le miel et la cire y sont aussi des objets importants.

Marne. L'agriculture y est dans une situation satisfaisante ; il produit des céréales, des plantes potagères, des moutons, des fruits et des vins renommés connus sous le nom de vins de Champagne. On y trouve des forêts.

Marne (Haute). Le sol de ce département est léger, pierreux, mais bien exploité ; on y cultive toutes les céréales, toutes sortes de légumes, les plantes oléagineuses et textiles ; le vin y est peu abondant, mais d'excellente qualité. L'éducation des abeilles y est très-répandue ; on y élève du gros et du menu bétail, et des dindons.

Mayenne. La récolte des céréales y dépasse la consommation. Le cidre et le poiré, productions du pays, y remplacent le vin ; outre les céréales et les fruits, on y obtient aussi du lin et du chanvre. Les races de bestiaux s'y améliorent sensiblement. On s'y livre beaucoup à l'éducation des abeilles.

Meurthe. Les céréales forment la principale culture du département. Il exporte chaque année le sixième de ses produits en froment. On y récolte des pommes de terre, des betteraves, des légumes, de la navette, du lin, du chanvre ; le fourrage y est abondant et excellent. Les vignes y sont multipliées, quoique généralement elles ne fournissent qu'un vin froid. On doit cependant citer comme fins et délicats ceux de Thiaucourt, Pagny, Bayon, Boudonville, Gerbeviller, Valois, Arnaville, Vic et Bruley. Les fruits à noyaux, prunes et abricots de Nancy, fournissent une confiture en grande réputation. On y élève des chevaux, des bœufs et des moutons. Les forêts y sont assez étendues.

Meuse. On y cultive toutes les céréales, et, comme plantes de commerce, le chanvre, le lin et les graines oléagineuses; on y élève des porcs, des chèvres et beaucoup de gros bétail; on y récolte d'excellents fourrages. Les vins de la vallée de l'Ornain sont justement estimés. On fabrique, dans le département, avec le marc de raisin, des eaux-de-vie qui se consomment dans le pays. On y trouve de belles forêts.

Morbihan. Le territoire produit des céréales en grande abondance. Les pâturages y sont excellents; on y élève de nombreux bestiaux, qui font, avec le beurre, la cire, le miel, le lin et le chanvre, les principaux articles du commerce. On récolte un peu de mauvais vin et beaucoup de cidre.

Moselle. Ce département produit des grains, des vins, des fruits, des légumes, des pommes de terre, des fourrages, du chanvre, du colza, des pavots, des choux-navets. On y trouve de vastes forêts. L'art de préparer les fruits, de les sécher et de les confire, y est une des industries les plus importantes.

Nièvre. Toutes les parties fertiles de ce département sont assez bien cultivées, et produisent des céréales, des légumes, des fruits et des vins estimés, parmi lesquels on distingue les vins blancs de Pouilly. On y recueille de très-bon chanvre. Les pâturages y sont abondants; on y élève beaucoup de bestiaux. De grandes forêts sont la ressource d'une partie de ce département.

Nord. Ce département est un des mieux cultivés de la France ; il produit des céréales, des menus grains, des légumes secs, de la bière, du colza, du lin, du tabac, des pommes de terre, des betteraves et des plantes tinctoriales.

Oise. La culture des céréales y est très-productive ; celle des légumes y a fait aussi de grands progrès ; on y récolte du lin, du chanvre, de la navette, un peu de vin et beaucoup de cidre, on y fabrique de la bière. Les bêtes à cornes y sont élevées avec soin, aussi produisent-elles du beurre et des fromages estimés ; on s'occupe aussi beaucoup du menu bétail et des volailles.

Orne. On y récolte, quoique en petite quantité, du froment, de l'orge, du méteil, du seigle, du sarrasin, de l'avoine, des légumes secs, des menus grains, des pommes de terre, du cidre, du poiré, des eaux-de-vie. Le lin et le chanvre y sont cultivés en grand. On y trouve de bons pâturages dans lesquels on élève beaucoup de chevaux. Le beurre et les fromages de ce département sont renommés.

Pas-de-Calais. Ses productions sont des céréales, de la bière, des légumes, des betteraves, des plantes oléagineuses et textiles, des volailles et des porcs gras.

Puy-de-Dôme. Le sol produit du blé, du vin, du chanvre, du miel, des châtaignes. Il y a un nombre prodigieux d'arbres fruitiers. Les fèves, les pois, les raves et les pommes de terre y viennent en abondance. D'excellents pâturages nourrissent des chevaux et beaucoup de bœufs. La culture du mûrier et l'éducation des vers à soie commencent à s'y répandre. Le pays renferme beaucoup de bois.

Pyrénées (*Basses*). On y récolte du lin, des fruits excellents, peu de blé, mais beaucoup de maïs, nourriture des habitants des montagnes. Le seigle et l'avoine sont cultivés dans les vallées. On y trouve des forêts et des vignes. Les pâturages y sont excellents.

Pyrénées (*Hautes*). Ce département produit du seigle, du maïs, du millet, de la soie et de bons vins. On y élève beaucoup de volailles estimées. Les pâturages sont très-riches, et les forêts donnent des bois de construction et de mâture.

Pyrénées-Orientales. On y récolte d'excellents vins, des oranges, des citrons, des fruits exquis, des olives, des mûres, des melons, des céréales, de l'huile, de la soie, du miel et de la cire. On y élève des moutons mérinos et des mulets.

Bas-Rhin. Ce département produit des céréales, des pommes de terre, des légumes verts et secs, du chanvre, du lin, des fruits à pépins et à noyaux, des fourrages, des pavots, du colza, de la navette, des noix, de la moutarde, de l'anis, de la coriandre, des choux, du safran, du tabac, de la garance. Le vin qu'on y récolte est de faible qualité. On y élève du gros et du menu bétail ; les habitants se livrent à l'éducation des vers à soie.

Rhin (*Haut*). Le sol est riche et les productions en sont variées. Il fournit des céréales et surtout du froment. Il produit en outre de l'orge, du seigle, du maïs, des féveroles, de l'avoine, du sarrasin, des pommes de terre, du vin ; celui que l'on appelle vin de paille, est en grande réputation. Les plantes oléagineuses, textiles, tinctoriales, telles que le colza, le chanvre, la garance, y sont aussi cultivées. On y élève beaucoup de bêtes à cornes, des porcs, des chèvres, des chevaux et des abeilles.

Rhône. Les vignobles forment la principale richesse agricole de ce département : parmi ses vins blancs on cite ceux de Condrieu ; et parmi ses vins rouges ceux de la Côte-Rôtie, de Romanèche. On s'adonne beaucoup à la culture du mûrier. Le sol produit du sorgho, du safran, des graines oléagineuses et des pommes de terre. Les fromages du Mont-d'Or sont très-estimés.

Saône (Haute). Ce département produit des grains, du vin, des légumes, de la navette, du colza, des bois de charpente ; il y a de nombreuses plantations de cerisiers ; on s'y occupe du chanvre avec succès, la culture du lin y est moins répandue. On y élève des bêtes à cornes, des chevaux et des porcs.

Saône-et-Loire. Ce département produit du maïs et toutes sortes de céréales ; on y élève des porcs et du gros bétail. On y trouve des vins renommés, connus sous le nom de Thorin, Pouilly, Fuissé, Mercurey et Gîvry ; les fruits du pays sont très-estimés. On y trouve d'excellents pâturages et des forêts.

Sarthe. Les principaux produits sont les céréales, les pommes de terre, le cidre, le poiré, d'assez bon vin, des fruits. On élève des chevaux, des mulets, des bêtes à cornes, des moutons, de la volaille estimée. La graine de trèfle, le chanvre, les toiles communes et d'emballage, sont des objets d'exportation. On trouve de bons pâturages.

Seine. L'abondance des engrais fournis par la capitale a donné lieu à plusieurs cultures spéciales, qui ont acquis un grand développement, telles que celle des pêches, à Montreuil; des pêches et du raisin à Charonne; des arbres à fruits, à Vitry. On y récolte aussi des céréales et toutes espèces de légumes. On y nourrit du gros bétail et entre autres des vaches laitières.

Seine-et-Marne. Le sol produit des grains, des vins et des fruits; les roses de Provins y sont l'objet d'un grand commerce. On y élève des moutons et des chevaux.

Seine-et-Oise. La culture maraîchère et celle des arbres fruitiers y ont une grande extension; le sol produit des céréales, des pommes de terre, des vins, du cidre et de la bière. On y élève des chevaux et des moutons.

Seine-Inférieure. Ce département produit des céréales, du lin, du chanvre, du colza, de la navette, des pommes de terre; le principal commerce consiste en cidre, poiré, beurre et fromages. On y récolte une grande quantité de légumes secs, tels que pois, fèves, vesces, lentilles. On y cultive aussi le houblon, qui est un objet d'exportation. On y élève des volailles, des moutons et des chevaux qui sont estimés.

Sèvres (Deux-). Le produit du sol consiste en céréales, en vins, en pommes de terre, en légumes, dont il se fait à Niort un commerce assez considérable. On y récolte du lin, du chanvre et des fruits. Le nord du département est boisé. Les volailles, les porcs, les moutons, les mulets et les chevaux y sont élevés en grand nombre.

Somme. Le sol est fertile et produit en abondance des céréales, du lin, du chanvre, des plantes oléagineuses, des pâturages naturels et des prairies artificielles. On s'y livre à l'élève des chevaux et des abeilles.

Tarn. Les récoltes de ce département consistent en céréales, sarrasin, anis, safran, colza, châtaignes, vin, fruits de toutes espèces, chanvre, lin, pastel ; la culture du mûrier y est très-répandue. On y trouve des pâturages, du gros bétail, beaucoup de bêtes à laine et de vastes forêts.

Tarn-et-Garonne. L'agriculture, dont les procédés sont assez bien entendus, produit au-delà de la consommation locale un excédant considérable de céréales et de vins ; on y récolte du lin, du chanvre, des graines oléagineuses, des noix, des truffes, des châtaignes ; on y élève des chevaux, des mulets, des bêtes à cornes, des porcs, de la volaille. Les vins les plus estimés de ce département sont ceux d'Aussac, d'Auvillars et de Lavilledieu. Les pâturages y sont excellents ; on y récolte des légumes et des fruits de très-bonne qualité.

Var. La récolte des céréales ne suffit pas aux besoins de la consommation ; mais les produits des vignobles, des olivettes, des arbres fruitiers de toute espèce sont considérables. On fait à l'étranger des expéditions nombreuses de câpres confites au vinaigre, d'oranges, de cédras au sucre, de marrons, d'oranges fraîches, de citrons. On s'y occupe de l'éducation des vers à soie et des abeilles ; les essences, les liqueurs et les parfums de Grasse sont très-recherchés. Les forêts de liéges donnent des produits importants ; on y élève beaucoup de mulets, de chèvres, de moutons et de porcs.

Vaucluse. L'agriculture y est en progrès ; on y élève des vers à soie et des abeilles qui produisent, dans ce pays, des revenus importants. Les vignes fournissent des vins spiritueux et fort colorés. Outre les céréales, ce département produit du safran, de la garance. On y récolte une grande quantité d'amandes, qui sont, ainsi que les noyaux de pêche et d'abricot et l'essence de lavande, des objets d'exportation.

Vendée. Le sol rapporte en abondance des grains et des légumes ; on y engraisse des bestiaux, principalement avec des choux et des navets, qu'on cultive en grand à cet effet. Le lin et le chanvre y sont de bonne qualité.

Vienne. On y récolte des pommes de terre, des céréales, des châtaignes, des noix, du vin et des truffes ; la culture des plantes textiles y est assez répandue. Il y a de bons pâturages ; on s'y livre avec succès à l'élève des moutons, des chevaux et surtout des mulets.

Vienne (Haute-). L'agriculture est arriérée dans ce département. On y récolte cependant, quoique en petite quantité, des céréales, des pommes de terre, des châtaignes ; le seigle y forme la partie principale des récoltes. Le chanvre y est cultivé. Les fourrages y sont excellents. La race chevaline indigène est fort estimée. Le sol est peu favorable à la culture des vignes : elles n'y produisent que du vin médiocre. Les abeilles fournissent une grande quantité de miel.

Vosges. Ce département produit des céréales, des plantes médicinales, des pommes de terre, des fruits, surtout des fruits à noyaux. Le mérisier est cultivé en grand ; on y fait un commerce considérable de kirchenwaser. Il y a de bons pâturages dans les montagnes, où l'on nourrit un grand nombre de bestiaux, dont le lait est employé à faire du beurre et des fromages. Le lin des Vosges est recherché. Le houblon y est cultivé et l'on en fait chaque année des envois considérables à Paris. Ce département renferme d'immenses forêts et 54,000 hectares de vigne.

Yonne. Ce département produit des céréales, des pommes de terre, du vin, du cidre. Les vignobles de l'Auxerrois et du Tonnerois sont les plus célèbres du département. On cite pour les vins rouges les crus d'Auxerre, d'Avallon, de Coulanges, de Tonnerre, d'Irancy, de Joigny et de S.-Julien-du-Sault. Parmi les vins blancs ceux de Châblis sont les plus renommés. On y élève du gros bétail. Il s'y trouve de vastes forêts qui donnent lieu à un commerce considérable de bois à brûler et de charbon.

PRINCIPALES CULTURES ; LEUR RENDEMENT.

Céréales ou récoltes à grains.

On comprend sous la dénomination générale de céréales, les plantes de la famille des graminées dont les semences, farineuses, peuvent servir à la nourriture de l'homme ; elles se distinguent des autres graminées par des graines plus grosses.

Ces plantes se divisent en céréales d'hiver (ou d'automne) et en céréales d'été (ou de printemps). Parmi les premières, on range l'épeautre, le froment, le seigle, l'orge d'hiver ; parmi les secondes, qu'on appelle aussi marsages, on place l'avoine, l'orge de printemps, l'épeautre de printemps, le froment de printemps, le seigle de printemps, le maïs, le sarrasin et le millet. Les céréales d'automne donnent généralement un produit plus élevé que les céréales de printemps, parce qu'en automne, ces plantes, par l'influence de l'humidité, peuvent mieux taller et développer leurs racines ; tandis que, lorsqu'elles ne sont confiées à la terre qu'au printemps, par l'accroissement rapide de la chaleur elles forment leurs tiges, et s'élèvent avant d'avoir suffisamment tallé.

La culture des céréales a une très-grande importance pour nos contrées ; notre climat leur est bien moins souvent préjudiciable qu'aux autres plantes agricoles. Elles forment la base de la nourriture de l'homme, ce qui fait que l'on en trouve toujours un débit assuré sur tous les marchés ; et la paille qu'elles produisent en abondance sert de pâture et de litière aux animaux domestiques.

Blé commun ou froment.

Le froment a été connu et cultivé en Orient dans l'antiquité la plus reculée. Le blé d'Egypte, dont on retrouve des grains dans les cercueils de gens enterrés depuis trente-cinq à trente-six siècles, ne diffère en rien de celui-ci. Quant à la France, le froment y est venu de la haute Asie, avec un peuple nommé les Celtes.

Parmi le grand nombre de variétés de froment, qui se distinguent par la couleur des graines et de la paille, la forme des épis, des graines, etc., etc., le blé ou froment commun occupe le premier rang. On en distingue deux espèces principales : le blé barbu, et le blé sans barbes. Le froment barbu produit une paille plus forte, il est moins exposé au charbon, à la rouille et aux ravages des oiseaux ; le froment sans barbes produit moins de balle et une farine plus blanche. Parmi les variétés estimées que l'on cultive beaucoup, on compte : le blé de Talavera, le blé gros-turc à quatre rangs, et le blé de mars barbu.

Choix du climat et du sol. — Dans nos contrées, le froment réussit partout, excepté sur les montagnes élevées et dans les marais. Il affectionne les terres fortes ou franches, surtout lorsqu'elles contiennent de la chaux. Les terres légères ne lui conviennent que lorsqu'elles sont riches et assez humides. Il est plus avantageux de cultiver l'épeautre que le froment dans des sols secs et peu compactes.

Sa place dans la rotation. — Comme le froment aime les terrains propres et riches, il réussit bien après la jachère pure, de même qu'après les fèves et le colza qui ont été fumés et surtout après le trèfle ; il ne prospère bien en succédant aux pommes de terre que lorsque celles-ci sont récoltées tôt, qu'elles ont été mises dans un défrichement de prairie artificielle ou dans un sol fécond ou très-fumé, où elles laissent encore beaucoup d'engrais. Le froment ne réussit guère après lui-même, et il ne doit pas revenir sur le même champ avant trois ans.

Pour en faire toujours d'abondantes récoltes, il faut disposer ses assolements de manière à le faire succéder à une plante sarclée, précédée d'une prairie artificielle, et surtout d'un trèfle. (On appelle plante sarclée la pomme de terre, la carotte, le colza, la betterave, etc.)

Préparation du sol. — Le froment demande une terre passablement pulvérisée : ainsi, suivant la nature du terrain et l'état où il se trouve, on donne un ou plusieurs labours (Voir le chapitre VI). Une bonne terre à trèfle n'a besoin d'être labourée qu'une seule fois ; une tréflière bien enracinée ou une terre engazonnée exige plusieurs labours.

Fumure. — Il faut au froment un sol riche ; il aime surtout une terre engraissée à la longue ; après le chanvre, le colza, les fèves, le trèfle bien fumé, il prospère parfaitement sans nouvelle fumure. Lorsque la terre ne possède plus assez de fertilité, on fume de nouveau avant ou après les semailles. Il y a des contrées cependant où une fumure récente engendre la carie. En fumant avec trop d'abondance, on risque de faire verser le blé.

Ensemencement. — L'époque de l'ensemencement varie, suivant l'exposition et le climat, entre le mois de septembre et le mois de décembre. Plus une contrée est froide, plus il faut semer tôt. Il faut plus de semence après le trèfle qu'après la jachère. Dans les terrains compactes, on recouvre les semences à la herse ; dans les terres légères, on sème en raies. On emploie ordinairement sur des terres fortes deux hectolitres cinquante litres par hectare, si on sème à la main et à plat.

Chaulage. — Avant de confier la semence à la terre, on lui fait subir l'opération du chaulage, qui a pour but de préserver la future récolte de la carie et de détruire les œufs d'insectes qui auraient pu être déposés dans la graine.

Pour cela, on jette un hectolitre de blé dans un baquet, puis on fait dissoudre dans un litre d'eau chaude 625 grammes de sulfate de soude que l'on mêle aux trois quarts d'un seau d'eau froide ; un ouvrier, tenant une pelle, brasse le blé dans le baquet à mesure qu'un autre manœuvre y verse doucement l'eau où se trouve la drogue. Lorsque tous les grains sont bien imprégnés de ce liquide, on place sur le blé 2 kilogrammes de chaux vive ; on jette de temps en temps un peu d'eau dessus, jusqu'à ce qu'elle se fonde et forme une bouillie. Alors on brasse de nouveau le blé afin d'imprégner tous les grains de chaux, puis on le sort du baquet ; on en fait un tas de la forme d'un pain de sucre. Le lendemain, on brasse de nouveau ce blé, et on peut le semer.

Pendant quinze ans que nous avons suivi cette méthode, nous n'avons pas observé dans nos froments ni dans nos avoines un seul épi atteint de la carie.

Soins à donner après la semaille. — S'il arrive au

printemps que, par de fortes averses, la surface du sol se tasse et se prenne en croûte, un bon hersage est fort utile ; il en est de même lorsque le champ est rempli de mauvaises herbes. On donne un plombage au rouleau lorsque les jeunes plantes ont été soulevées par le froid. Une semaille de mauvaise apparence doit être soutenue pendant l'hiver avec du purin, de la chaux, de la colombine. Une croissance de froment trop luxuriante doit être effiolée au mois de mai.

Pour rétablir, au printemps, la végétation des céréales qui ont souffert de l'hiver, M. Minangoin, directeur des cultures de la colonie de Mettray, recommande la pratique suivante, sur laquelle il vient d'appeler l'attention de la Société impériale et centrale d'agriculture :

1° Après l'hiver, aussitôt que le sol est suffisamment ressuyé, il donne un binage énergique qui a pour but de détruire les mauvaises herbes, d'aérer le sol en brisant la croûte qui s'est formée à la surface. Cette opération est surtout utile dans les terres argilo-siliceuses battues par les pluies ;

2° Le blé étant semé en planches régulières de 4 mètres, il creuse les raies d'écoulement sur 6 mètres 20 centimètres de largeur et 10 centimètres de profondeur, ce qui lui donne 50 mètres cubes de terre, qu'il répartit, au jet de pelle, sur la superficie, le plus uniformément possible. Cette terre meuble rehausse le blé et met la surface du sol dans un état particulier qui favorise considérablement le tallement. L'épaisseur de la couche peut 'augmenter par les dimensions qu'on donne à la rigole ; elle est en rapport avec la largeur des planches et peut ainsi varier entre 5 et 15 centimètres d'épaisseur ;

3º Le rouleau vient compléter l'effet des deux opérations précédentes en raffermissant le sol et brisant les mottes de terre. Le rouleau Crosskill agit, dans ce cas, de la manière la plus efficace, la plus parfaite ; son grand poids tasse énergiquement le sous-sol, en même temps que l'action de ses roues crénelées ameublit la superficie.

Après son passage, le sol a l'aspect d'une terre de jardin qui vient d'être soumise au binage le plus soigné. Le sol se trouve alors dans un état particulier très-favorable à l'action des influences météorologiques.

4º Enfin, lorsque la végétation est languissante, il fait précéder les opérations qui viennent d'être décrites, du semis d'un engrais pulvérulent, qui lui permet de ramener l'uniformité de la végétation, en augmentant la dose dans les parties du terrain où le blé est le plus faible. M. Minangoin assure que le guano convient admirablement dans cette circonstance, en raison de son énergie sous un petit volume ; il l'emploie à la dose de 180 kil. par hectare, en le mélangeant avec 200 kil. de cendres lessivées et 200 kil. de terreau. Le mélange avec des matières peu actives a pour but de faciliter la répartition.

Les opérations précédentes, appliquées avec discernement et en temps opportun, peuvent combattre avec efficacité :

1º Le déchaussement des plantes ; 2º le défaut de tallement ; 3º le dépérissement des plantes provenant du soulèvement du sol ; 4º la verse ; 5º le défaut d'uniformité dans la végétation ; 6º le défaut d'épaisseur de la couche végétale ; 7º le manque de fécondité.

Le prix de revient de ces diverses opérations, fait remarquer M. Minangoin, n'est que de 33 fr. par hectare. Or, suivant lui, cette dépense est largement payée, soit par la céréale à laquelle ces opérations s'appliquent directement, soit par les prairies artificielles qui peuvent suivre, et dont elles assurent la réussite de la manière la plus certaine.

Récolte. — Le blé ne doit pas arriver à maturité complète, car alors les graines deviennent cornées et produisent une farine noirâtre. La moisson se fait généralement avec la faucille ; toutefois, dans certaines contrées de la France, on se sert de la faulx. Pendant la moisson, il faut tâcher surtout de garantir le froment de la pluie. Le blé destiné aux semailles doit bien mûrir et être battu peu après la rentrée (Voyez le chapitre IX).

Blé de printemps ou de mars.

On en fait usage sous les climats et dans les terrains qui souvent ne conviennent pas au blé d'automne ; dans beaucoup de contrées, cependant, le blé de mars court plus de dangers que le blé d'automne et l'orge. Le froment de printemps produit des grains moins parfaits et une farine moins blanche que le froment d'automne ; il exige un terrain de même nature, mais plus riche encore que celui que demande le blé d'automne ; il faut le confier le plus tôt possible à la terre, et l'on doit employer plus de semence qu'en automne. Le froment de mars réussit fort bien après les pommes de terre, le chanvre ; en général, après les plantes sarclées. Le charbon et la rouille s'y mettent plus facilement que sur le blé d'automne. Son produit en grains est inférieur d'un quart au produit de ce dernier ; en paille, il est inférieur d'un cinquième. (*Nicklès.*)

Les terres trop fortes ne conviennent pas plus au froment qu'aux autres plantes. On prétend que sur les terres humides, ou même lorsque le blé est coupé très-mûr, son écorce devient trop épaisse.

Epeautre.

L'épeautre est une espèce de blé dont la balle reste adhérente au grain après la maturité. La variété d'épeautre la plus cultivée est celle qui n'a pas de barbe et dont les épis sont blancs ou rougeâtres. Le petit épeautre à épis barbus, qui ressemble à l'orge à deux rangs, se cultive avec avantage sur les mauvaises terres ; on le sème jusqu'en décembre. Il convient surtout aux contrées froides, montagneuses et peu fertiles ; il craint moins l'humidité que le froment ordinaire, et ce dernier la craint moins que le seigle. L'épeautre verse aussi moins facilement que le froment. Une difficulté qui s'oppose à sa culture dans beaucoup de localités, c'est que les meuniers ne sont pas accoutumés à moudre ce grain, qui est adhérent aux balles. On sème trois hectolitres par hectare.

Méteil.

En faisant un mélange d'un tiers de froment et de
deux tiers de seigle, on obtient un produit que l'on
appelle méteil. On peut avoir plus de grain de cette
manière ; mais, en revanche, on perd sur la qualité,
parce que les deux céréales ne mûrissent pas en même
temps. Les produits du froment ordinaire, de l'épeautre
et du méteil varient beaucoup. On a calculé que, sur
toute l'étendue de notre territoire, la moyenne des produits est de huit à douze hectolitres par hectare ; mais
sur une bonne terre il n'est pas impossible d'obtenir
vingt-cinq hectolitres.

Seigle.

Après le froment, c'est le seigle que l'on cultive le
plus en France. On le sème plus tôt que les autres céréales. Les sols légers, peu convenables pour le froment, sont réservés au seigle. On le sème en automne,
à raison d'un hectolitre et demi par hectare, après
deux ou trois labours.

Outre le seigle d'automne, on cultive aussi le seigle
multicaule, le seigle de la Saint-Jean. Ce dernier se
coupe ordinairement avant l'hiver et est employé comme
fourrage, il produit néanmoins du grain l'été suivant.
Le seigle multicaule, que l'on cultive aujourd'hui dans
certaines parties de l'Allemagne, reste très-longtemps
avant de pousser en épis, et peut, de cette façon, être
très-précieux pour la nourriture du bétail.

Sur un sol médiocre, il y a souvent plus d'avantage

à cultiver du seigle que du froment, parce qu'il donne ordinairement plus de produits. La récolte se fait au mois de juillet. Le moment de la floraison est une époque plus critique encore pour le seigle que pour les autres céréales : une gelée blanche ou une pluie froide empêche le grain de se former, et il est probable que c'est alors que s'engendre l'ergot. Le seigle doit succéder à la jachère, à un pâturage, au lin, au chanvre, aux légumineuses, aux plantes-racines sarclées récoltées de bonne heure.

Orge.

L'orge veut un terrain meuble, frais, et dans lequel se trouve de l'engrais bien préparé, que les racines de cette plante puissent facilement absorber. Si on la sème après une récolte sarclée, un seul labour suffit. On distingue l'orge d'automne et l'orge de printemps. La première s'appelle aussi *escourgeon;* on la sème du 15 au 20 septembre, à raison de deux hectolitres par hectare. Elle réussit après le colza, les légumineuses fauchées en vert, et en général après toutes les récoltes dont le sol est débarrassé de bonne heure. Les produits de l'orge sont souvent aussi considérables que ceux du froment.

L'orge de printemps offre plusieurs variétés : 1° la grande orge à deux rangs ; 2° la petite orge quadrangulaire ; 3° l'orge nue à six rangs, ou orge *céleste;* 4° l'orge nue à deux rangs. Depuis peu on a beaucoup parlé de l'orge *Nampto,* venant de l'Asie, et qui se recommande par ses qualités farineuses ; l'hectolitre pèse quatre-vingts kilogrammes et la plante mûrit en moins de trois mois. Chacune des autres espèces a ses qualités particulières. La petite orge quadrangulaire se fait remarquer par une végétation extrêmement prompte, et n'exige qu'un sol médiocre ; mais elle produit moins. L'orge nue à deux rangs offre cet inconvénient, que les tiges trop élancées pour supporter un épi lourd, tombent avant la maturité de la plante.

L'orge-riz, que l'on cultive aussi dans l'Est, est d'une excellente qualité, mais elle produit peu.

On sème ordinairement l'orge de printemps après deux ou trois labours ; on enterre la graine à neuf ou douze centimètres ; cette profondeur n'est pas trop forte, surtout dans les sols légers. Pour la grande et pour la petite orge, on emploie de deux cents à deux cent cinquante litres de semence par hectare ; pour l'orge céleste, deux cents litres seulement, parce qu'elle talle beaucoup. On herse l'orge au mois d'avril ; mais cette opération doit être exécutée avec précaution, car les jets se brisent très-facilement.

Avoine.

L'avoine est la céréale la moins exigeante sous le rapport du sol ; toutes les terres semblent lui convenir. On en connaît diverses variétés, qui se distinguent par leurs qualités, leur couleur et leur précocité. La variété la plus généralement cultivée est celle de printemps, connue sous le nom d'avoine ordinaire ; elle est la plus productive. Mais d'autres espèces sont préférables pour la qualité et la précocité, telles sont : l'avoine patate, cultivée en Angleterre ; l'avoine blanche de Hongrie, l'avoine noire de Hongrie, l'avoine de Brie, l'avoine de Philadelphie, l'avoine de Géorgie et l'avoine des trois-lunes. Cette dernière l'emporte sur les autres pour la précocité. Parmi les autres variétés, les plus répandues aujourd'hui sont l'avoine noire ou blanche de Hongrie et l'avoine de Brie.

L'avoine succède avec avantage à une plante sarclée, au trèfle, à la luzerne ; en général, on la cultive avec succès sur une terre neuve ou un pâturage rompu, après un seul labour. Ainsi, on doit préférer l'assolement de trèfle, avoine et blé, à celui de trèfle, blé et avoine, surtout sur une terre d'une culture difficile. On sème, après un seul labour, en février ou en mars ; les semailles faites de bonne heure produisent le plus, si elles ne souffrent pas des dernières gelées. Lorsque le sol est infesté de mauvaises herbes, il faut donner plusieurs labours. On emploie trois hectolitres de semence par hectare. L'orge et l'avoine s'égrainent facilement quand elles sont mûres ; c'est pour cette raison qu'il ne faut pas les couper trop tard.

Maïs.

Le maïs, appelé aussi *blé d'Espagne*, *blé de Turquie*, produit une grande quantité de grains très-propres à fournir une nourriture fort substantielle à l'homme, ainsi qu'à engraisser tous les animaux domestiques, surtout les porcs et la volaille. La tige du maïs est un excellent fourrage. Il aime un climat chaud, d'une humidité moyenne ; il prospère partout

où prospère la vigne; il peut succéder à toutes les récoltes et être suivi de froment. On laboure profondément, avant l'hiver, le sol où l'on veut le mettre, parce
qu'il exige un sol meuble. Comme il craint les gelées
de printemps, on ne le confie à la terre qu'à la seconde
moitié d'avril ou au commencement de mai. On prend
pour semence les grains les plus parfaits, qui se trouvent au milieu des épis les plus mûrs. On le sème en
lignes, à la distance de 60 à 75 centimètres. On le bine
deux fois, et on le butte une fois. La récolte se fait à
la fin de septembre ou au commencement d'octobre.
Lorsque le maïs est rentré et mis en tas, il s'échauffe
et germe très-promptement; c'est pourquoi on s'empresse de lier ensemble, deux par deux, les épis avec
quatre des feuilles qui les recouvrent, puis on les suspend sous un toît afin de les faire sécher.

On a cru pendant longtemps à tort que le maïs ne
réussissait que dans les pays chauds, mais on se trom-
pait, car on cultive, depuis quelques années, cette précieuse plante en Belgique jusque sur les frontières de
la Hollande. Le maïs quarantin est une des variétés les
plus rustiques. Cette plante rend souvent 80 hectolitres
par hectare. C'est de tous les végétaux à l'usage de
l'homme celui qui, sur une même surface, donne la
plus grande quantité de substance alimentaire.

Sarrasin.

Le *sarrasin* est une plante précieuse pour les contrées froides et peu fertiles. On peut s'en servir pour
faire du pain. Son grain égale en valeur celui de l'orge

pour les porcs, et il est plus nutritif que l'avoine pour les chevaux. Vert, il sert comme fourrage et comme engrais, et on le met avant et après toute espèce de récolte. On donne trois labours et deux hersages, la première façon a lieu en mars, puis on fume et l'on sème à la fin de mai si l'on veut le récolter en grain, et en juillet si l'on doit seulement s'en servir comme fourrage vert. Il aime un sol très-meuble, et ne veut pas être semé épais : un hectolitre par hectare suffit si on veut le récolter en vert, et il n'en faut que trente à quarante litres lorsqu'on veut récolter le grain. Il produit de 20 à 25 hectolitres par hectare.

Nous croyons être agréable à nos lecteurs en insérant ici, concernant cette plante, des passages que nous extrayons de rapports qui ont été faits à des séances des Sociétés d'agriculture de Clermont (Oise) et de Caen.

On connaît deux variétés de sarrasin : l'une est désignée, dans quelques provinces, sous les noms génériques de *blé noir* ou sarrasin, *bouquet* ou *bouquette*; l'autre porte le nom de *blé de Tartarie* ou blé de Sibérie.

La première, le sarrasin, qui a été apportée en Europe du temps des croisades, est celle qui, généralement, est cultivée dans notre pays, surtout en Bretagne, où elle est le plus répandue; en effet, dans les neuf départements qui forment la région du nord-ouest, elle produit près de 2,000,000 d'hectolitres, c'est-à-dire le tiers de la quantité qui se récolte annuellement en France. On la rencontre beaucoup encore dans la Lorraine allemande et quelquefois en Alsace, aux environs de Haguenau : il est à regretter qu'on ne la cultive pas dans les montagnes des Vosges où, cependant, elle prospérerait très-bien.

La deuxième variété est cultivée en Russie et dans les différentes parties de l'Allemagne ; elle diffère de la première par la couleur plus jaunâtre de sa tige et par les bouquets de fleurs, qui sont plus allongés et mieux garnis.

Le sarrasin rend 30 pour 1, et le blé de Tartarie 50, mais ce dernier s'égraine plus facilement. Cependant, quand on fait la récolte avec soin, 3,000 kilogrammes de tiges peuvent rendre 2,500 kilogrammes de grains et 400 kilogrammes de paille.

Il résulte d'expériences qui ont été faites avec soin, que ces deux variétés ne prennent rien à la terre, tandis que le froment lui enlève 100 parties de matières nutritives, le seigle 80, l'orge 64, l'avoine 59, et les pommes de terre 54. Ces résultats se trouvent consignés dans les rapports des célèbres Thaër et Wogt.

Le sarrasin n'exigeant d'autres déboursés que les frais de main-d'œuvre et de semence, qui sont très-modiques, la récolte qu'il donne peut être considérée comme un revenu supplémentaire exempt de dépenses : il est, en outre, d'une végétation si rapide qu'il peut être semé après la récolte des orges, du seigle, de la navette, de la moutarde et des pavots, dût-elle n'être faite qu'à la fin de juin.

Les terres légères sont celles où le sarrasin prospère le mieux. La récolte est cependant plus ou moins abondante, selon les saisons et le degré de fertilité des terres où il est semé. Il rend parfois jusqu'à 30 hectolitres par hectare, et jamais moins, en moyenne, de 15 à 20 hectolitres.

Il peut encore suppléer aux prairies artificielles. On le coupe comme le trèfle et la luzerne, et les chevaux le mangent avec le même plaisir. En graine, on peut le mêler avec l'avoine, et il rendra le même service. La ration des animaux peut même être réduite d'un cinquième, si elle est composée de moitié sarrasin et moitié avoine.

Enfin cette plante peut aussi être considérée comme un engrais végétal des plus fertilisants : quarante jours après la semaille elle est en fleur, et peut, par conséquent, être enfouie avec avantage.

Arrivons maintenant à l'emploi de sa graine pour la nourriture de l'homme.

En France, on pense généralement qu'elle n'est bonne que pour engraisser la volaille et pour nourrir les paysans pauvres de la Bretagne et de la haute Auvergne, qui en font des espèces de crêpes qu'ils nomment galettes et mangent dans du lait, c'est leur nourriture habituelle. Un réfugié polonais, M. Saniewski, a prouvé le contraire par une série d'expériences qui ont été reconnues décisives et qui ont été récompensées par plusieurs sociétés d'agriculture des départements et notamment par la Société impériale et centrale d'agriculture.

Si, chez nous, le sarrasin est abandonné aux indigents et aux animaux, il n'en est pas de même en Pologne, en Russie et en Allemagne, où il sert à préparer des mets recherchés, qui figurent sur les meilleures tables.

Cela est facile à expliquer : dans notre pays, on ne

sait faire, avec du sarrasin, qu'une farine grisâtre qui contient toujours une très-forte quantité de son ; en Russie, en Pologne surtout, et par des procédés que nous allons faire connaître, on en fait : 1° de la *semoule*, qui, préparée au lait ou au bouillon gras, est bonne pour entremets, et excellente pour confectionner des gâteaux semblables à nos gâteaux de riz ; 2° du *gruau*, qui est propre aussi à faire des gâteaux, des boudins, et à servir de condiment dans la préparation des viandes; 3° de la farine avec laquelle on peut faire du pain, de la bouillie, des *crêpes*, etc.; 4° de la *recoupe*, qui peut servir à la nourriture des chevaux, des porcs et de la volaille; et tous ces produits ne sont pas seulement avantageux à cause de leur bas prix, ils sont, en outre, remarquables par leurs qualités nutritives et par leur bon goût.

On obtient ces produits à l'aide du procédé de manutention que voici :

Au lieu de se servir de moulins ordinaires, on a recours à des moulins dans lesquels les meules étant tenues fort éloignées les unes des autres, il devient facile de concasser le grain sans le broyer. Comme dans de tels moulins il s'échappe une quantité assez considérable de grains qui ne sont pas même endommagés, on les repasse sous les meules après les avoir séparés du reste. Cela fait, on tamise une première fois, et l'on obtient la farine et la recoupe mêlées ensemble, puis l'on passe à un second tamis plus fin, pour séparer la farine de la recoupe. Le premier résidu est ensuite passé à un crible assez fort qui retient le gros son et donne le gruau mélangé avec le son le plus fin. On vanne pour faire enlever le son, et il reste le gruau, qu'on peut séparer en deux qualités, suivant la grosseur, avec un second crible plus fin. Ces opérations sont multipliées, il est vrai, mais elles sont faciles et de peu de durée ; les produits s'obtiennent très-promptement.

Les avantages que présentent ces divers procédés de mouture et de manutention peuvent se résumer ainsi :

1° Aujourd'hui la nourriture des paysans de la Bretagne, de la Sologne et de la haute Auvergne est bien loin d'être bonne ; en perfectionnant, comme il vient d'être exposé, la manutention du sarrasin, on la varierait et on l'améliorerait considérablement sans nulle dépense ;

2° Les riches dédaignent le sarrasin ; mais si, à l'aide de procédés perfectionnés, il pouvait devenir à leur usage, la consommation de ce grain étant alors plus grande, la culture en serait plus étendue, ce qui serait un bienfait immense, pour les possesseurs de terrains pauvres, sur lesquels on cultive et où l'on ne peut cultiver que le sarrasin ;

3° En Russie, en Pologne, on exporte, jusqu'en Chine, le gruau et la semoule qui en proviennent ; pourquoi ne ferions-nous pas de semblables exportations ? Il n'y a peut-être que quelques essais à faire pour rendre ce commerce important, tant à l'intérieur qu'à l'extérieur.

Rappelons, en terminant, qu'il fut un temps où la pomme de terre était bien plus dédaignée que ne l'est aujourd'hui le sarrasin ; mais quand Parmentier eut convaincu les plus incrédules, la pomme de terre fut appréciée comme elle devait l'être, et l'on sait les services qu'elle a rendus, depuis, dans notre pays.

On extrait des tiges du sarrasin une couleur bleue commune, mais qui ne change pas à la lumière et qui est, comme on dit, très-bon teint. Les bêtes à cornes mangent la paille du sarrasin, bien qu'elle soit peu nourrissante ; les porcs la mangent aussi sans trop de répugnance quand ils sont bien affamés. Mais quelques auteurs prétendent que cet aliment leur est contraire ; qu'il les rend toujours plus ou moins malades et finirait par les faire périr, s'ils en mangeaient trop souvent et en trop grande quantité.

Association normande. — Vingt-troisième congrès tenu à Caen en 1855. — Présidence de M. de Caumont, fondateur. — Du sarrasin ou blé noir.

Dans la première séance du congrès, M. Besnou est entré dans quelques détails sur la culture du sarrasin, dont le développement est si prompt qu'elle lui semble devoir être, à bien dire, considérée comme une sorte de culture *dérobée*, puisqu'elle n'exige que trois mois pour parcourir toutes les phases de son accroissement jusqu'à maturation du grain.

Il a rappelé combien cette plante est peu difficile sur la nature des sols qu'on peut lui consacrer, et aussi sur la fumure qu'elle exige, fumure qui consiste, en Bretagne, en engrais presque inertes, tels que les cendres de molène, les charrées et le noir animalisé, qui souvent n'est autre que de la terre tourbeuse carbonisée.

Il a fait aussi remarquer que cette plante semble ne pas rechercher les terrains calcaires ; c'est ainsi qu'il a observé que le sarrasin échoue la première et la seconde année même, dans les terrains récents enlevés à la mer par l'endiguement.

D'après l'honorable membre, les engrais calcaires, surtout la chaux, donneraient un résultat au moins douteux, si ce n'est un échec presque complet.

M. Besnou a examiné ensuite la valeur alibile des aliments préparés avec du sarrasin. Il y a indiqué d'abord un principe soluble à l'eau froide, odorant, très-sapide, ayant beaucoup d'analogie avec le goût du champignon comestible, ou l'osmazôme ; plus, une grande proportion d'huile qui le rapproche du maïs dont il a la nature presque cornée, de l'albumine soluble en très-grande quantité, éléments derniers qui lui semblent équivaloir au gluten du froment, enfin, de l'amidon.

De sorte qu'il a déduit de cette composition, que la farine de blé noir est un *aliment complet*, fortement azoté, dont la puissance fortifiante ne saurait être niée ; que le sarrasin constitue un aliment de facile digestion, et non un aliment grossier, ainsi que l'ont pensé quelques agronomes ou économistes qui l'ont jugé trop promptement et trop sévèrement.

M. Besnou a insisté fortement sur l'erreur où seraient plusieurs médecins qui considèrent, comme indigeste, la bouillie de blé noir, qui est presque la seule forme sous laquelle on l'administre.

Il a prétendu, au contraire, que lorsque cette farine

a été bien blutée, séparée de sa coque, elle donne, après une cuisson prolongée, une bouillie saine, trouvée agréable par les malades, surtout par les dyssentériques qui reviennent de nos colonies. Ces malades, a-t-il dit, en sont généralement avides ; ils ne se trouvent nullement indisposés de son usage et attestent au contraire, par leur rétablissement, de l'influence tonique qui résulte de sa bonne assimilation.

En résumé, suivant l'honorable membre, la bouillie de sarrasin est un aliment fortifiant, très-nutritif, très-résistant pour les hommes de peine ; pour le paysan breton, par exemple, qui se fatigue beaucoup l'été, surtout pendant la saison des récoltes.

A l'appui de ce qui venait d'être dit par M. Besnou, plusieurs membres ont fait observer que, dans l'arrondissement de Vire et dans une grande partie du département de l'Orne, le sarrasin, à l'état de bouillie ou de galette, formait la base de la nourriture dans les fermes et que la santé des personnes qui en faisaient usage s'en trouvait très-bien.

Millet.

On peut fabriquer du pain avec les graines de millet ou panis ; on les mange aussi en les préparant à la façon du riz ; enfin, on peut les employer à la nourriture de tous les animaux domestiques.

Espèces. — On cultive deux espèces principales de millet : 1° le millet commun (panicum miliacum), les graines blanches, jaunes, ou noirâtres de cette plante, selon les variétés, sont attachées à de longues ramifications lâches et pendantes ; la tige s'élève à 1^m ou 1^m 30.

2° Le millet d'Italie (panicum italicum), cette autre espèce a un épi serré, cylindrique et à ramifications très-courtes ; elle atteint la même hauteur que l'espèce précédente. Le millet d'Italie donne un peu plus de grain que le millet commun, mais il est plus petit et moins estimé. Dans le sud-ouest, on prépare avec ce dernier, réduit à l'état de gruau qu'on mêle avec du lait, un potage assez nourrissant qu'on nomme *milloc*.

Climat et Sol. — Les millets exigent le même climat que le maïs. Quant au sol, ils préfèrent les terres de consistance moyenne.

Culture. — Les millets sont semés soit au printemps comme récolte principale, dès que les gelées blanches ne sont plus à craindre ; soit en été après l'enlèvement des céréales précoces, comme récolte intercalaire ; un labour suivi d'un hersage est ordinairement suffisant pour préparer la terre à recevoir le millet. Mais il faut à ce végétal beaucoup d'engrais, parce qu'il épuise fortement le sol. Il rend en moyenne 32 hectolitres de grain par hectare. On sarcle et l'on butte le millet, comme le maïs. La paille verte et même sèche est un bon fourrage.

Du Sorgho.

Nous renvoyons, pour cette précieuse graminée, aux détails étendus que nous avons donnés la concernant, dans le complément de cet ouvrage intitulé *l'Agriculture délivrée.*

On peut établir les proportions suivantes pour la quantité de paille qui est produite relativement à celle du grain :

GRAIN.		PAILLE.
Froment,	1 kilog. 38 gram. donnent	3 kil. à 3 kil. 50 gr.
Seigle,	1 kilog. 50 gram. —	4 kil. à 4 kil. 50 gr.
Orge,	1 kilog. donne	1 kil. 75 gr. à 2 kil.
Avoine,	1 kilog. —	1 kil. 75 gr. à 2 kil.

Plantes oléagineuses.

Colza. — Le colza d'hiver se sème en place, à la volée, à raison de huit litres par hectare, ou en lignes ; on le repique aussi ; mais le semis en lignes et en place est le mode généralement suivi. Cependant, en semant d'abord en pépinière, on a l'avantage de moins craindre les sécheresses, parce que, lorsque la plante lève, on a une étendue moins grande à soigner ; mais, il faut le dire, cette méthode est la plus coûteuse et demande beaucoup de temps pour son exécution. En général, on ne repique que lorsqu'on n'a pu semer avant la mi-août, à moins qu'on n'ait une terre très-riche. On sème en pépinière dans la seconde quinzaine de juillet, et l'on ne doit pas transplanter après le 15 octobre dans le Nord et dans l'Est.

En lignes, on met les plantes à 50 centimètres de distance, afin que les binages et les houages soient à la fois faciles et économiques. On fait presque toujours passer le rouleau avant la semaille. Il faut avoir soin de biner et d'éclaircir seulement lorsque les plantes sont bien développées.

3**

Le colza de printemps, fort casuel, comme la plupart des marsages, se plaît sur les sols humides et même marécageux, pourvu que ceux-ci soient égouttés. On le sème en mai, à raison de douze ou quinze litres par hectare, sur un sol bien préparé par deux ou trois labours. Comme ces récoltes occupent le sol pendant peu de temps seulement, les binages produisent bien moins d'effet que sur les plantes automnales.

Navette. — La navette d'hiver, moins exigeante et moins exposée à souffrir des pucerons que le colza, donne aussi moins de produits que celui-ci. On la sème sur une terre bien ameublie, et l'on emploie la même quantité de semence que pour le colza. On l'enterre, soit à la herse, soit à l'extirpateur, à six centimètres de profondeur. On la confie à la terre, de la fin de juillet au commencement de septembre; on bine, ou au moins, on sarcle; on éclaircit le plant. L'été suivant on récolte la graine, ainsi que celle du colza, avant la complète maturité.

La navette de printemps se sème dans la première quinzaine de mai ; elle se plaît particulièrement sur les terres légères, sablonneuses, mais fraîches, et elle est ordinairement suivie d'une céréale, de même que le colza.

Pavot. — Le pavot, autrement dit *œillette,* se cultive principalement en Flandre, où l'on fabrique, avec la graine de cette plante, une huile agréable, dont il se fait en France une immense consommation. Après un labour d'automne, on sème en janvier ou en février, sur un sol meuble et léger, mais riche et profond. On en cultive deux variétés : le pavot ordinaire et le pavot blanc; dans l'une, la semence est grise et sort des capsules au moment de la maturité; l'autre a la semence blanche. L'œillette grise est préférée dans la grande culture, à cause de la qualité de l'huile que l'on en retire ; l'œillette blanche est préférée pour la médecine. On cultive le pavot en lignes ou à la volée ; deux kilogrammes et demi de semence par hectare suffisent ; on recouvre très-légèrement, au mois d'avril on le sarcle, en ayant bien soin de choisir un temps sec. On éclaircit de façon que les pieds se trouvent à trente-cinq ou quarante centimètres de distance ; mais cette opération n'a lieu que lors du second binage, qui se donne quand les feuilles sont bien apparentes. La récolte se fait en août. Dans une bonne année, les produits sont de quinze à vingt hectolitres par hectare, et l'on obtient environ vingt-huit litres d'huile par hectolitre.

Cameline. — Elle se sème depuis le mois de mars jusqu'en juin. Elle veut un sol riche, et elle a l'avantage de n'être jamais attaquée par les pucerons. On met environ huit litres de cameline par hectare, et on la recouvre très-légèrement. Elle produit de quinze à vingt hectolitres par hectare.

Moutarde. — La moutarde blanche ou noire se cultive moins en grand que les plantes précédentes. On la répand, en avril, sur un sol bien ameubli par deux ou trois labours. Si l'on sème à la volée, on met 6 à 8 kilogrammes par hectare ; on en met 4 à 5 si l'on sème en lignes. La récolte de la moutarde est difficile à effectuer, vu que cette plante mûrit inégalement; il ne faudrait pas cependant attendre trop longtemps pour la couper, car on risquerait de perdre une grande quantité de graine ; sa maturité s'achève en meulons. Elle produit de quatorze à quinze hectolitres par hectare.

(*L. Bentz* et *A.-J. Chrétien*, de Roville.)

DES PLANTES TINCTORIALES.

Garance.

On comprend sous le nom de plantes tinctoriales celles qui fournissent des substances colorantes pour la teinture. La plus usitée de toutes celles que produit notre sol, est la garance ; elle n'est l'objet d'une grande culture que dans trois départements, ceux du Bas-Rhin, du Haut-Rhin et de Vaucluse. Elle appartient à la famille des rubiacées, qui a pour type la garance elle-même, nommée par les anciens *rubia*. Ce nom voulait dire rougissante, parce que toute la plante contient un principe colorant rouge, renfermé surtout dans la racine et dans l'écorce épaisse dont la racine est entourée. L'industrie de la teinture et l'art de la peinture en emploient des quantités énormes. Un chimiste de notre temps, M. le baron Thénard, a trouvé le moyen d'extraire de la garance un rouge presque aussi beau et beaucoup moins cher que le carmin, à l'usage de la peinture. Depuis une vingtaine d'années, l'adoption du pantalon rouge pour l'armée a ouvert un débouché nouveau à la garance, ce qui rend facile et avantageux le placement des produits de cette culture partout où elle peut réussir.

La garance croît dans des climats opposés ; car après celle de Vaucluse, la meilleure qui se récolte en Europe vient des îles de la Zélande, dont la température diffère essentiellement de celle de Vaucluse. La garance, sans être précisément très-difficile à cultiver, demande beaucoup de travail, beaucoup d'engrais, et elle occupe le terrain pendant deux ou trois ans. C'est cependant, au total, une culture très-lucrative, qui réussit toujours quand elle est bien conduite. Il lui faut un sol léger et fertile en même temps, profondément défoncé et fumé avec abondance. Mais si la garance ne prospère que dans une terre très-abondamment fumée, elle consomme peu d'engrais et laisse au sol qui vient de la produire presque toute la fertilité provenant de l'engrais qu'il a reçu.

Dans son excellent traité sur la culture de la garance, publié en 1844, M. le comte de Gasparin estime à 2,580 fr. les produits, tant en fourrage qu'en racines tinctoriales, d'un hectare de terre consacré pendant trois ans à la culture d'une seule récolte de garance. Une telle rentrée peut couvrir de lourdes avances et laisser encore au cultivateur un bénéfice très-considérable ; le même auteur évalue ce bénéfice net à 435 fr. par hectare, pour trois ans, ou 145 fr. pour un an.

Dans les départements du Haut-Rhin et du Bas-Rhin, formés de l'ancienne province d'Alsace, on est dans l'usage de ne laisser la garance en terre que pendant deux ans ; les produits récoltés sont à peu près dans la même proportion que dans les cultures de trois ans du département de Vaucluse.

Cette plante est vivace et indigène, elle aime une terre

légère, substantielle et fraîche, ou susceptible d'irrigation, et qui doit être préparée par de bons labours et
bien fumée. Les méthodes de culture varient dans les
divers pays où celle de la garance est pratiquée. Généralement on divise le terrain par planches plus ou moins
larges, avec des intervalles dont la terre sert aux rechar-
gements annuels. Pour les planches de 1 mètre 66 centimètres, on laisse des séparations de 33 centimètres.
En mars ou avril, on sème à la volée, ou mieux, en
rayons, ouverts avec la houe à main ou la binette, et
dans lesquels la graine est répandue le plus également
possible, à la distance d'environ 4 centimètres. La terre
du second rayon sert à recouvrir le premier, et ainsi
de suite jusqu'au dernier rayon de la planche, qui est
recouvert par de la terre prise aux dépens du sentier
de séparation. Peu de temps après la levée, on donne
un sarclage rigoureux, suivi d'un rechargeage très-léger,
destiné à raffermir les plants qui auraient pu être
soulevés ou ébranlés ; les sarclages se réitèrent ensuite
pendant l'été, autant de fois qu'il le faut pour entretenir
le semis parfaitement net de mauvaises herbes. En novembre, on recharge de 2 à 3 pouces de terre prise sur
les intervalles. L'année suivante, on sarcle encore une
ou plusieurs fois selon la nécessité. Lorsque la plante
est en fleur, on la coupe pour fourrage, à moins qu'on
ne veuille la laisser grainer. Dans l'un ou l'autre cas,
on recharge en novembre comme l'année précédente.
C'est ordinairement à la troisième année, en août ou
septembre, que l'on récolte les racines, qui doivent être
fouillées à toute la profondeur à laquelle elles ont pu

atteindre, et qui est quelquefois de plus de 50 centimètres. Elles sont portées sur une aire, où on les remue à la fourche, pour les débarrasser de la terre qui peut y être attachée, après quoi leur dessiccation s'achève dans un lieu sec et aéré ou dans une étuve.

Une garancière peut être établie par plantation aussi bien que par le semis. Dans ce cas, il faut, pour le mieux, être pourvu de plant d'un an, que l'on a semé très-épais en pépinière; à défaut, on emploie les racines les moins grosses provenant d'une récolte au moment de l'arrachage. Le terrain se dispose comme pour le semis; mais dans les rayons, que l'on tient un peu plus profonds, c'est le plant que l'on étend, au lieu de graine, et que l'on recouvre avec la terre du rayon suivant. Cette plantation peut se faire à l'automne ou au printemps. On sarcle et l'on recharge en novembre, comme dans l'autre méthode; mais cette dernière façon n'est nécessaire qu'une fois, attendu que les garancières plantées se récoltent ordinairement après leur seconde année. Le semis en place emploie 60 à 70 kilogrammes de graine par hectare.

Les prairies artificielles réussissent très-bien après la garance.

Gaude, reseda lutcola (*famille des capriers*).

Cette plante se sème ordinairement en juillet, dans les terrains secs et sablonneux, assez fréquemment entre les rangs de quelque culture binée, notamment parmi les haricots, avant ou après la dernière façon : il faut avoir soin, dans tous les cas, de recouvrir la graine très-légèrement, à cause de son extrême finesse. A l'automne et au printemps suivant, on donne des sarclages rigoureux, afin, d'un côté, de favoriser la végétation, et, de l'autre, d'avoir la gaude aussi pure que possible. Au commencement de l'été, lorsque les tiges commencent à prendre une couleur jaune, ce qui est leur point de maturité pour la teinture, on les arrache et on les fait sécher par petites bottes : il ne faut pas les entasser, cela occasionnerait une fermentation qui détruirait la partie colorante. On emploie environ 4 kilogrammes de graine par hectare.

CULTURE DE LA VIGNE.

La vigne exigeant, pour produire de bon vin, un certain degré de chaleur, ne se plaît pas en plaine, mais plutôt sur la pente de coteaux, dans une exposition chaude, abritée et tournée vers le midi, où le soleil darde ses rayons avec force et échauffe le sol pendant toute la journée.

La vigne aime surtout un sol chaud, sec, assez meuble et riche. Le terrain glaiseux, tenace, froid et humide lui convient aussi peu que le gravier ou le sable aride. Une terre trop riche et fortement fumée peut faire pousser à la vigne beaucoup de bois et de raisins ; mais ces raisins ont l'inconvénient de pourrir facilement, et ils produisent rarement des vins fins et d'un bouquet agréable. Les terrains très-calcaires, marneux ou pyriteux meubles sont propices à la vigne ; mais les plus favorables sont les sols légers, sableux, mélangés de petites pierres à travers lesquelles les racines peuvent facilement pénétrer. Les meilleurs vins viennent sur les roches délitées, c'est-à-dire décomposées par l'influence de l'air et de l'eau. Comme les racines de la vigne ont besoin de pénétrer profondément dans la terre, il est toujours important de s'assurer qu'elles trouveront cette faculté dans le sous-sol.

Etablissement d'une vigne nouvelle. — Défoncement.

La prospérité d'une vigne dépendant principalement du défoncement, il est nécessaire d'y consacrer une attention toute spéciale, et il est toujours plus avantageux de le faire faire à la journée qu'à la tâche. Les règles suivantes sont à observer pour ce travail.

La meilleure saison pour le défoncement est l'automne ou le printemps; l'hiver n'est pas favorable pour cela, car alors la terre est gelée, et les mottes sont difficiles à écraser.

Le premier fossé que l'on ouvre doit être fait à la partie inférieure, et recevoir au moins une largeur d'un mètre quarante centimètres; la terre qui en provient doit être portée à la partie supérieure de la pièce que l'on veut planter en vigne. Sur les terrains argileux, on donne aux fossés un mètre de profondeur, et un mètre quarante centimètres dans les terres pierreuses. Sur les montagnes, on défonce plus profondément qu'en plaine; sur une bonne terre meuble, le défoncement peut être moins profond que sur une terre pierreuse ou forte.

La règle principale à observer est que la terre soit retournée de manière que la croûte supérieure vienne au fond, et que la terre du fond soit mise à la surface :

par là, la bonne terre se trouve mieux à portée des racines, qui y puisent de la nourriture, et le sous-sol (ou terre vierge) s'améliore, se fertilise par l'influence de l'air, par les engrais et les façons.

Choix des espèces ou variétés.

Lorsque le vigneron aura, à la sueur de son front, bien disposé le terrain, il lui restera à faire un choix convenable de variétés de raisins.

Pour chaque contrée il faut choisir les espèces les plus convenables au climat, à l'exposition, au terrain ; des variétés, enfin, qui mûrissent bien, non-seulement dans les bonnes années, mais aussi dans les années ordinaires. Pour un bon terrain et une exposition favorable, on donne la préférence au Rissling, puis à l'Orléans et au Tramin ou Klevner rouge. Dans les exposi-tions moyennes, le Chasselas blanc, le Chasselas croquant et le Salvanien vert conviennent pour les vins blancs ; et, pour les vins rouges, le Salvanien bleu-noir et le gros Rauschling bleu-noir. Lorsqu'on se trouve dans des conditions peu avantageuses, on donne la préférence aux espèces d'une maturité hâtive, par exemple : le Pineau noir (Bourguignon noir), le Salvanien vert, le plan d'Ortlieb, le Chasselas croquant.

Crossettes ou crochets.

Les crossettes sont des rameaux de vigne ou sar-ments. C'est ordinairement au mois de mars que l'on coupe les crossettes sur les pieds de vigne dont on con-naît bien la valeur, ou que l'on a marqués pour cela déjà à l'automne, avant la vendange. On donne à ces crossettes une longueur de 45 à 50 centimètres; en bas, au point de la section, on laisse un petit bourrelet du bois de deux ans que l'on coupe droit ; puis on réunit ces crossettes par cinquante, on les lie ensemble pour les conserver couchées en terre ou plongées dans l'eau. Il faut surtout faire attention qu'elles ne sèchent pas ni ne moisissent. Dès que la sève se met en mouvement et que les bourgeons des crossettes commencent à pousser, on les plante ; mais il n'en faut jamais emporter que pour une demi-journée ; on les tiendra à l'ombre ou couvertes de toile mouillée. Les crossettes reviennent moins cher que les chevelus ; elles passent aussi pour donner des pieds plus durables que ces derniers. Pendant les étés secs, beaucoup de crossettes ne prennent pas, et souvent, parmi celles qui ont pris, il y en a qui périssent la seconde année.

Chevelus.

Les chevelus proviennent des crossettes que l'on a mises en terre pendant un à trois ans, dans un endroit réservé de la vigne, et à une distance de six à huit centimètres, en les débarrassant bien pendant l'été des mauvaises herbes. Les chevelus ont sur les crossettes l'avantage de prendre plus facilement, ce qui rend le provignement moins nécessaire ; outre cela, les chevelus supportent mieux les variations de température, et leur croissance, plus rapide que celle des crossettes, peut faire gagner un ou deux ans. Il est donc avantageux de donner la préférence aux chevelus pour les nouveaux complants, d'autant plus que chaque propriétaire de vigne a peu de frais, pour les préparer lui-même. On plante au printemps les chevelus de deux ou trois ans, après en avoir taillé les racines et en avoir rabattu la tige à un œil.

Dans beaucoup de contrées, on se sert aussi de marcottes ou provins obtenus en couchant en terre les sarments d'un pied de vigne pour leur laisser pousser des racines; on sépare ensuite ces sarments de la plante-mère.

Plantation des crossettes et des chevelus.

Il y a différentes manières d'opérer cette plantation, qui se fait ordinairement au mois d'avril. Celle que nous préférons est la suivante, connue sous le nom de plantation en fossettes ou augets : à cet effet, on creuse une fossette de trente-cinq centimètres de profondeur ; dans cette fossette on place la crossette ou le chevelu, de manière que le plant suive, à une longueur de vingt-cinq centimètres, un piquet placé à cet effet dans la fossette près de ce plant ; ce dernier doit être couché dans sa partie inférieure, sur le sol, au fond de la fossette ; après cela, on remplit le trou de terre fine, que l'on tasse avec les pieds. Mais, ce qui vaut mieux encore, c'est d'y mettre quelques poignées de bon terreau préparé avec du fumier consommé ou avec de la marne et du gazon. Un vigneron prévoyant doit toujours tenir prêt, à cet effet, de cette espèce de compost.

Traitement du nouveau complant pendant les trois premières années.

Il ne suffit pas d'avoir consacré ses soins, ses peines et son attention à l'établissement d'une vigne nouvelle ; cette même attention, ces mêmes soins doivent être continués à la plantation ; il faut, en un mot, la travailler convenablement si l'on veut la conserver et en tirer profit. Le vigneron actif aura donc à observer ce qui suit :

La première année, on surveille les jeunes plants, pour voir s'ils prospèrent ; on éloigne toutes les pierres qui peuvent gêner les jeunes pousses ; on a soin de tenir le terrain bien propre au moyen de deux sarclages. Cultiver dans les intervalles des choux, des navets, du maïs, des potirons, etc., est une pratique nuisible, car toutes ces plantes enlèvent beaucoup de nourriture à la vigne. Là où la vigne est exposée à souffrir des gelées, on butte en automne les jeunes ceps.

La seconde année, au printemps on déchausse les ceps à une profondeur de dix à quatorze centimètres jusqu'au troisième nœud, et l'on enlève, avec un bon couteau ou une serpette, toutes les racines superficielles en les coupant net. On rogne de même, tout-à-fait, les pousses de la première année, sans en laisser un seul bourgeon ; puis on couvre la tête d'un peu de terre. Les sujets qui, à la première année, n'ont pas pris, sont remplacés par des chevelus. Pendant l'été, on éloigne toutes les mauvaises herbes par quelques façons de propreté. A l'époque de la floraison du raisin, on coupe la partie supérieure de toutes les pousses qui ont soixante centimètres de longueur, et l'on pince les petites pousses qui partent du milieu de la tête. On répète cette opération au mois de juillet, et à l'automne on remet la terre en butte.

Au mois de mars de *la troisième année*, on déchausse comme on a fait à la seconde année ; on coupe les racines superficielles, et l'on taille à un œil toutes les pousses nouvelles. Les pieds faibles, qui n'ont pas encore formé tête, se coupent tout-à-fait à la partie supérieure. Dans cette troisième année, on donne un houage de dix à douze centimètres de profondeur, on implante les échalas, et pendant l'été on maintient la propreté par plusieurs sarclages. On coupe, dans le courant de l'été, la partie supérieure de tous les jets qui ont soixante-cinq centimètres de long. Partout où l'on avait planté deux provins ensemble, on enlève avec précaution le plus faible au printemps, et on l'utilise pour en remplacer un autre qui n'a pas réussi ; mais on laisse subsister le plus fort à la place qu'il occupe.

Soins à donner aux vignes complètement faites.

Dans une vigne bien soignée, les travaux se suivent ordinairement ainsi :

Le découvrement. — Le découvrement n'a lieu que dans les contrées où il est nécessaire de couvrir les vignes pour les garantir des gelées ; on les découvre alors aussitôt que la terre est ressuyée, à peu près au mois de mars.

Le déchaussement. — Le déchaussement des ceps

se fait avec une espèce de houe étroite, appelée tranche ; cette opération a pour but d'éloigner la terre du cep, à la profondeur de quelques centimètres, pour que l'on puisse rogner les racines supérieures, qui enlèvent l'humidité et la nourriture aux inférieures et gênent les façons à la houe. Il ne faut jamais déchausser à la fois que le nombre des ceps dont on peut tailler les racines dans une journée.

La taille. — La taille de la vigne est l'une des opérations les plus importantes, car c'est de la taille que dépend en partie la durée plus ou moins longue du cep, la qualité et la quantité des vins. On taille la vigne afin de la rajeunir en quelque sorte tous les ans. A cet effet, on aura à observer les règles suivantes :

Tenir bas le cep, ou rapprocher du sol , autant que possible, les sarments qui portent des fruits ; ne pas laisser trop de bois au cep, afin qu'il puisse produire des raisins de qualité et de grosseur convenables, et en quantité suffisante, sans trop s'épuiser.

Par la taille, le cep doit être façonné de manière que les raisins puissent jouir de la lumière, de la chaleur, de la rosée, etc.

Les coursons nécessaires se taillent toujours derrière les verges, d'après ce dicton des vignerons : « Il ne faut pas placer le fils devant le père. » (On appelle courson une branche de vigne taillée et raccourcie à trois ou quatre yeux.)

Ordinairement on façonne en coursons les pousses endommagées par la grêle ; on coupe à trois centimètres au-dessus de terre les vignes gelées.

Les jeunes vignes supportent fort bien la taille en ployons ou verges, tandis que les vignes anciennes doivent toujours être taillées en coursons.

Après une année d'abondance, on assied ordinairement moins de verges et de coursons.

Quant à l'époque de la taille, elle varie suivant les climats : dans les contrées chaudes, elle commence vers la fin de l'automne ; au printemps, seulement avant la sève, dans les climats un peu froids.

Le houage ou première façon. — Comme toutes les autres plantes, la vigne a besoin, pour prospérer, de l'influence de la chaleur, de l'air et de l'humidité ; c'est donc pour faciliter l'action de ces agents de la nature, qu'au printemps, lorsque la terre est suffisamment ressuyée, on l'ouvre au moyen d'une houe ou d'un pic à deux pointes. Pour cela, on aura à observer de bien retourner la couche remuée, de manière que la partie supérieure vienne en bas et la partie inférieure en haut.

Le placement des échalas ou *échalassement* se fait avant que les pousses se montrent ; en ne le faisant qu'après, on pourrait les endommager. Les bois de chêne, d'acacia, de châtaignier, sont les meilleurs pour échalas. On donne à chaque cep autant d'échalas qu'on lui a laissé de branches ; les échalas se placent au moyen d'un avant-pieu, à des distances convenables pour ne pas gêner l'action de l'air et de la chaleur.

La seconde façon se donne ordinairement avant la fleuraison, car pendant cette époque on ne doit se livrer à aucun travail dans la vigne. Cette seconde façon a pour but d'émietter la terre remuée par le houage, de détruire les mauvaises herbes, de remettre au pied du cep la terre qui en a été enlevée ; elle ne s'exécute que lorsque le sol est sec ; on le travaille alors à une profondeur de cinq centimètres environ.

La rognure. — Cette opération ne peut être confiée qu'à des personnes qui connaissent la taille de la vigne. Elle consiste à enlever toutes les pousses superflues qui, l'année suivante, ne pourraient servir ni de ployons ni de coursons.

Le second accolage a pour objet d'attacher les pousses à l'échalas avec de la paille ou du jonc, pour qu'elles ne puissent être cassées par le vent.

La troisième façon s'exécute dès que les mauvaises herbes se montrent de nouveau ; on ne doit y procéder ni par une grande sécheresse, ni lorsque le sol est humide. Souvent un excès de mauvaises herbes nécessite encore une quatrième façon. La règle générale est, en un mot, qu'il faut, dans le courant de l'été, tenir le terrain de la vigne très-propre et très-meuble, car de là dépendent l'abondance et la bonne qualité du vin.

Alliance de la vigne avec les céréales et autres plantes.

Au lieu de planter les vignes à 1 m. 75 c. en carré, comme on le fait ordinairement, des novateurs conseillent de planter à 3 m. dans le sens de la largeur, et à 1 m. dans le sens de la longueur, disposition qui permet d'ensemencer, chaque année, en céréales ou en plantes sarclées, telles que pommes de terre, betteraves, etc., les deux tiers de l'espace compris entre chaque rang de souches.

L'expérience démontre que les produits des vignes établies d'après ce système sont aussi abondants qu'avec la méthode actuelle. On trouve, en effet, dans les deux cas le même nombre de pieds à l'hectare, environ 3,400.

Quant aux diverses semences et notamment à celles de céréales que l'on peut y répandre par tables de deux mètres de largeur, laissant de chaque côté un espace libre de 50 centimètres pour la culture des ceps, il est également hors de doute qu'elles prospèrent aussi bien que dans les champs spéciaux.

Il y aurait donc d'immenses avantages à établir successivement toutes les vignes selon la méthode que je viens d'indiquer.

En effet : 1º Les quatre à cinq premières années, pendant lesquelles la vigne ne porte que peu ou pas de fruits, produiront en céréales des récoltes d'autant plus abondantes que le sol aura été plus profondément défoncé pour planter les ceps. Il est certain aussi que, mieux pénétrées par l'action salutaire de l'air et du soleil, ces récoltes, disposées en tables étroites, acquerront une vigueur que la plupart de nos champs ne montrent pas aujourd'hui ;

2º Le transport des récoltes et des engrais, le labourage, le provinage, enfin tous les travaux de la terre se feront plus facilement avec célérité et économie ;

3º La culture de la vigne en particulier, s'opérant le plus souvent sur le tiers seulement de la terre, deviendra meilleure et moins coûteuse, car, pour le prix des deux façons à la main, usitées dans la plupart de nos vignobles, on pourra en donner jusqu'à six, sans compter les labours de l'espace ensemencé; or, il est permis d'espérer, sans se faire illusion, que la vigne, entourée par de pareils soins, ne redoutera aucun voisinage.

On dira peut-être que la réforme proposée ne s'appuie pas sur des faits concluants, et qu'elle peut mettre en péril les intérêts viticols, parce qu'il est douteux que la vigne, accolée à d'autre produits, puisse porter autant de grappes que dans les conditions actuelles. On pourra craindre aussi que sa durée ne soit singulièrement réduite.

Je réponds qu'il existe des faits de nature à lever tous les doutes; que des essais partiels peuvent d'ailleurs être tentés, et que leurs résultats convaincront à coup sûr les plus incrédules.

Je pourrais également invoquer ce qui se passe en Provence, où l'on associe souvent les céréales à la vigne; mais le système adopté là — deux rangs serrés alternant avec un espace libre de 2 m. à 2 m. 50 cent. — me paraît vicieux, en ce qu'il ne laisse ni assez de place dans les vides pour l'ensemencement et les charrois, ni assez de terrain pour la nutrition des ceps.

En ce qui concerne la durée des souches, je ne crois pas que l'objection soit fondée; mais cette durée fût-elle moindre, en effet, on ne devrait nullement s'en effrayer, car dès que le dépérissement se manifesterait, rien de plus simple que de planter de nouvelles rangées à 1 m. 50 c. des anciennes, à la place desquelles on cultiverait des céréales, ou mieux encore on pourrait faire des provins, ce qui, en quelque sorte, éterniserait la vigne dans un même champ.

Je dirai donc en terminant aux cultivateurs français : Ne craignez pas de planter, selon la nouvelle méthode, celles de vos terres que vous ne destinez pas à la production des fourrages naturels ou artificiels. Votre fortune et celle de vos enfants seront la récompense des efforts que vous ferez dans cette voie.

Fumure de la vigne.

Pour que la vigne produise convenablement, il faut qu'elle reçoive des engrais plus ou moins souvent, suivant la nature du terrain. Sur les terrains en pente on fume tous les trois ans, et en plaine tous les quatre à six ans.

De la vendange.

Ne vous mettez à vendanger que lorsque vos raisins ont atteint le plus haut point de maturité, de manière à commencer à pourrir. Dans les années défavorables, il est vrai, on ne peut pas toujours faire comme on veut néanmoins, reculez votre vendange toujours autant que les circonstances vous le permettront. On sait, par un grand nombre d'expériences, qu'en vendangeant tard on obtient toujours un vin plus spiritueux.

Une règle capitale est de toujours séparer les raisins mûrs d'avec ceux qui ne le sont pas, car un seul raisin non mûr peut détériorer le jus de trois raisins cueillis en parfaite maturité. Il faut donc commencer par vendanger les ceps qui mûrissent les premiers, et ne procéder que plus tard à la récolte de ceux d'une maturité plus tardive.

Il faut toujours faire un triage entre les raisins qui ont commencé à pourrir et ceux qui sont encore sains : les raisins pourris peuvent facilement communiquer un mauvais goût au vin.

Pour obtenir des vins rouges de belle couleur et qui se conservent, il faut faire fermenter ensemble, dans une cuve fermée, des raisins rouges et noirs égrappés ; souvent, par un temps chaud, la fermentation est faite au bout de six jours ; parfois aussi, elle peut durer dix jours et plus. Pendant la fermentation, on remue toute la masse une fois par jour, pour que la couleur rouge, qui se trouve principalement dans la peau des baies, puisse mieux se communiquer au liquide. En tout cas, il est très-vicieux de laisser la masse trop longtemps dans les cuves, car, par la fermentation, le marc peut se rassembler à la surface, s'échauffer et passer à l'aigre.

Soins à donner au vin en cave.

La première condition pour bien conserver le vin est une bonne cave assez profonde, et disposée de manière à ne pas devenir trop chaude en été. Une cave bien conditionnée doit être voûtée, éloignée des lieux d'aisances et des fosses à fumier ; munie de soupiraux au moyen desquels on puisse renouveler l'air : en été, on ferme bien ces soupiraux le jour, et on les ouvre la nuit. Dans une cave destinée au vin, on ne doit renfermer aucun objet qui puisse en vicier l'air, comme, par exemple, des légumes, du fromage, des viandes salées, etc.

Les futailles doivent être solides et propres ; il vaut mieux les cercler en fer qu'en bois, surtout pour des caves humides, où les cercles en bois pourrissent facilement. Pour garantir de la rouille les cerceaux en fer, on leur donne, de temps à autre, une couche d'huile de lin ou d'un vernis à couleur. Après avoir vidé un tonneau, il faut bien le rincer, le faire sécher pendant un ou deux jours, puis le soufrer; cette précaution est indispensable pour préserver les futailles du moisi, qui peut facilement se communiquer au vin et lui ôter ses qualités marchandes. Ce soufrage doit être répété plusieurs fois par an, car un tonneau moisi est très-difficile à nettoyer.

Pour que le vin se conserve bien, il faut toujours que les tonneaux soient pleins jusqu'au bondon ; à cet effet, on remplace toutes les trois à quatre semaines, par d'autre vin, ce qui se perd par l'évaporation.

(Nicklès.)

CHAPITRE III.

Prairies artificielles. — Fourrages. — Irrigation. — Nature des assolements. — Suppression des jachères; ses avantages.

Prairies artificielles.

L'introduction des plantes légumineuses, telles que le trèfle et la luzerne, dans la culture, a amené des améliorations de tous genres en agriculture.

Les prairies artificielles ont sur les prairies naturelles l'avantage de réussir sur une plus grande variété de sols; envisagées d'une manière générale, elles l'emportent aussi sur les autres prairies sous le rapport de l'abondance des produits et des qualités nutritives; cette dernière supériorité qu'elles ont sur les graminées, elles la doivent aux principes azotés, à l'albumine qu'elles renferment. En outre, elles améliorent le sol, au lieu de l'épuiser, ce qui est extrêmement avantageux, puisqu'au lieu de laisser tous les deux ou trois ans, suivant l'assolement qu'on a adopté, le quart ou le tiers des terres de son exploitation en jachère, c'est-à-dire sans les ensemencer sous prétexte de les faire reposer, on peut augmenter considérablement son revenu en les ensemençant en fourrages artificiels, qui les rendront beaucoup plus propres à produire du blé lorsqu'on les aura défrichées, attendu que les feuilles et les racines de trèfle de la luzerne et de l'esparcette sont des engrais excellents. Indépendamment de ces avantages, ces plantes procurent un grand bénéfice par les graines qu'elles produisent, par les bestiaux qu'elles permettent d'élever et par les engrais que ces animaux fournissent, car il faut se persuader qu'un petit espace de terre bien fumé produit plus de céréales qu'une grande étendue, dans laquelle on n'a pas mis assez d'engrais. Donc, si vous voulez du blé, faites beaucoup de prés ; retenez bien ceci, et basez sur ce principe tous les assolements de votre exploitation.

Les plantes dites légumineuses peuvent se diviser en deux classes, selon les produits que l'on en retire : 1° les légumineuses qui forment les prairies artificielles et qui donnent du fourrage à consommer vert ou sec ; elles se composent de plantes annuelles ou bisannuelles et de plantes vivaces ;

2° Les légumineuses qui donnent des produits en grains servant à la nourriture du bétail, ou bien qui peuvent être consommées vertes ou sèches comme fourrage. Parmi celles de la première classe, il convient de citer la luzerne et le sainfoin, le trèfle ordinaire, le trèfle incarnat, la lupuline ou minette dorée, le mélilot. Parmi les secondes, on remarque particulièrement les gesses, les jarosses, les vesces, les fêves, les lentilles et les pois. Nous allons dire quelques mots sur chacune de ces plantes en particulier.

La *luzerne* est la première des légumineuses fourragères. Elle est originaire du Midi, où l'on en retire des produits très-abondants. Un sol riche, profond, très-propre, bien défoncé, est pour elle la meilleure condition de réussite. Cependant on la voit aussi réussir dans quelques sols peu profonds, reposant sur un lit de pierres calcaires qui laissent entre elles des interstices où les racines peuvent s'insinuer. Elle ne réussit pas dans les sols humides. On peut la semer en automne ou au printemps. Comme la première année elle produit peu, on sème quelquefois en même temps du trèfle sur le même sol. On emploie de vingt-cinq à trente kilogrammes de semence par hectare, et on la recouvre légèrement, comme on fait pour toutes les graines fines. La luzerne est attaquée par la cuscute et le rhizostome, qu'on ne peut détruire qu'en fauchant très-souvent la prairie ; quelquefois aussi on la brûle entièrement, de manière à ne réserver que les racines.

La luzerne se fauche quinze jours avant le trèfle ; cependant elle ne doit pas être consommée trop jeune, car elle relâche les animaux. Rentrée nouvellement, elle les constipe ; il faut donc attendre qu'elle ait jeté son feu, comme disent vulgairement les cultivateurs. Elle se durcit en séchant, mais elle conserve ses principes nutritifs si la graine n'est pas formée. On compte ordinairement quatre mille cinq cents kilogrammes de produit par hectare ; mais on obtient un cinquième ou un sixième en plus si l'on fait quatre coupes. Le plâtre, comme nous l'avons dit en parlant des stimulants, augmente beaucoup le produit des légumineuses ; il ne faut donc pas négliger d'en répandre, principalement sur les luzernes, les trèfles et les sainfoins. La luzerne plaît à tous les animaux : verte, elle convient parfaitement aux bœufs de travail et à ceux qu'on engraisse, aux juments poulinières et aux porcs. Il y a préjudice à faire consommer la luzerne sur pied, car cela nuit à la plante et expose les animaux à enfler.

La *lupuline* ou *minette dorée*, dont il y a plusieurs espèces, est une plante bisannuelle précieuse, qui croît sur presque tous les sols. Elle réussit sur les terres calcaires, dans les argiles marneuses, ainsi que sur les terrains légers et de peu de valeur. Son fourrage est recherché des animaux : il produit rarement des indigestions, et convient, pour cette raison, en pâturage. On la sème ordinairement en avril, dans une récolte à grains, à raison de quinze à dix-huit kilogrammes par hectare. On la plâtre l'année suivante, et, si on la fauche au lieu de la faire pâturer, on n'en fait qu'une coupe.

Le *trèfle* est, après la luzerne, la plante fourragère la plus utile qui entre dans nos assolements ; on en compte trois espèces principales : le trèfle ordinaire, que l'on sème au printemps dans une céréale d'automne ; le trèfle blanc, et le trèfle incarnat, connu particulièrement dans le Midi. On peut couper ce dernier de très-bonne heure au printemps. On le sème sur les éteules, en juillet ou en août ; il se plaît sur un terrain ferme, et il suffit ordinairement d'un coup de herse pour l'enterrer. On l'emploie surtout comme fourrage vert : lorsqu'il est sec, on le considère généralement comme ayant peu de valeur. Toutefois, dans le département de Lot-et-Garonne on le fait consommer en grande quantité quand il est desséché, et les habitants de ce pays le regardent dans cet état comme équivalant à tous les autres fourrages.

Le trèfle blanc convient dans les pâturages établis sur les terrains sablonneux. Dans les années humides, il donne des produits assez avantageux, que l'on fait consommer sur place ou que l'on rentre verts. Il convient très-bien aux moutons, et ne les expose point à la météorisation, comme le trèfle ordinaire.

Le trèfle ordinaire ou grand trèfle rouge exige un sol bon ou bien amendé, et une exposition douce, mais non chaude. Dans la semaille, on doit éviter d'employer de la graine séchée au four, car une partie ne germerait pas. Ce sont surtout les graines fourragères qu'il faut essayer avant de les semer.

Quant au *mélilot*, il a l'avantage de croître sur les terrains médiocres; mais il est peu recherché par les animaux qu'il expose d'ailleurs à la météorisation.

Le *sainfoin* ou *esparcette* est le plus précieux des fourrages sur les sols très-calcaires, où souvent aucune autre plante ne réussit; on prétend que ses racines pénètrent dans la roche. Dans le Nord, il ne fournit qu'une bonne coupe. On sème ordinairement au printemps de trois cent cinquante à quatre cents litres par hectare; mais il faut avoir soin de ne pas y mêler de pimprenelle, car la qualité du fourrage s'en trouverait considérablement diminuée. On l'enterre à la même profondeur que les céréales. Bien récolté, il est la première des nourritures pour la qualité. Dans le Midi, après l'avoir coupé, on le fait pâturer pendant le reste de la belle saison. Il produit, dans les bonnes années, quatre mille à quatre mille cinq cents kilogrammes par hectare.

Les *gesses* à larges feuilles, les *jarosses*, les *vesces*, les *féveroles*, les *lentilles* et les *pois* sont assez souvent employés par le cultivateur comme fourrages d'hiver et d'été, verts ou secs ; mais il faut les couper avant la maturité, car, autrement, on n'a plus que de la paille. Ces plantes sont plus généralement cultivées pour leurs produits en grains, surtout dans le Nord et dans l'Est.

Dans le Midi on cultive particulièrement comme fourrage la petite gesse, qui se sème en automne, à raison de deux à trois hectolitres par hectare. Les bêtes à laine la recherchent particulièrement, ainsi que les porcs. En Flandre et en Alsace, c'est la vesce d'hiver que l'on cultive de préférence ; elle sert au printemps, lorsque les provisions d'hiver sont consommées. On peut la faire suivre d'une récolte sarclée, ainsi que toutes les fourragères, qui deviennent alors de véritables récoltes dérobées.

L'*ajonc* est aussi connu sous les noms suivants : jonc-marin, lande, landier, jan, brusc, genêt épineux, ulex europœus. C'est un arbuste extrêmement épineux, naturel aux terrains incultes et aux landes de l'Europe. Il convient bien pour former des clôtures presque impénétrables ; pour cela, après l'avoir semé, au mois de mars, sur le revers des fossés, on défend ses jeunes pousses de la dent des bestiaux qui s'en accomodent très-bien. Cela a donné l'idée de cultiver l'ajonc dans les pays où l'on manque de prairies et de pâtures artificielles. On sème à la volée 15 kilogrammes environ de graines par hectare de terre médiocre, mais bien labourée. La seconde année on coupe les jeunes pousses et l'on s'en sert pendant tout l'hiver pour alimenter les bœufs, les moutons et les chevaux. C'est sourtout une excellente nourriture pour ces derniers, qui ont besoin de peu d'avoine lorsqu'on les nourrit avec l'ajonc. Cette nourriture contribue puissament à former les chevaux bretons les plus renommés. On fait la récolte de cette plante à mesure du besoin ; on la donne aux animaux après en avoir écrasé les piquants avec un maillet ou sous une meule ; cet arbrisseau a encore l'avantage de fournir un très-bon combustible, et on le cultive exprès pour cet usage dans une partie de la Normandie ; enfin dans le département des Landes, où on lui donne le nom de tuye, il fournit la plus grande partie de la litière du bétail. Il passe pour fertilisant : après lui, l'on a de belles récoltes de blé. On voit, par ce résumé, que le jonc-marin e st un véritable trésor pour les terres pauvres et siliceuses, où il réussit parfaitement.

(A. Poiteau et Vilmorin.)

Irrigation.

L'irrigation est une opération qui consiste à tracer à côté des prairies et dans les prairies elles-mêmes, des rigoles au moyen desquelles on amène l'eau quand on le juge convenable. L'importance des irrigations est aujourd'hui généralement sentie. Il n'est pas possible de prescrire des règles fixes sur l'irrigation, car on ne peut pas toujours choisir les eaux ni tracer les rigoles comme on le désirerait. Disons seulement que si on est libre dans le choix des eaux, il faut préférer celles qui charrient des éléments calcaires, des substances fécondantes : l'eau doit d'abord arriver à la partie supérieure de la prairie ; on la distribue ensuite au moyen de petites tranchées dans tout l'espace qu'on veut arroser ; puis, à l'aide de saignées d'assainissement, au bout de quelques jours on la fait écouler hors de la prairie, car jamais les eaux ne doivent croupir sur l'herbe.

La chaleur et l'humidité étant les principes les plus utiles aux végétaux, il est facile de comprendre combien il peut être avantageux d'exécuter des arrosements sur ses prés, de temps en temps, pendant l'été.

Nature des assolements. — Suppression des jachères ; ses avantages.

La question de l'assolement est la première dont il faut s'inquiéter lorsqu'on s'occupe d'agriculture.

En effet, quelles plantes cultivera-t-on dans les circonstances où l'on se trouve placé ? Comment les distribuera-t-on sur les terres, dont la nature peut varier considérablement ? Dans quelles proportions devra-t-on les cultiver ? Quelle quantité d'engrais devra-t-on créer annuellement ? Voilà des questions qu'il importe de se faire et de résoudre promptement.

Il n'y a de bon assolement que celui qui rend suffisamment à la terre, en même temps qu'il donne des produits satisfaisants.

Il ne faut pas confondre le système avec l'assolement. Supposons qu'un cultivateur, après avoir bien examiné sa position, et tenu compte des circonstances qui l'entourent, se dise : « Mes terres sont propres à me fournir une grande masse de fourrages, je me livrerai donc à l'éducation du bétail ; » il aura, par là, fait le choix de son système. Mais comment devra-t-il distribuer les plantes sur le sol pour en obtenir le plus de produits? C'est alors qu'il devra, pour mettre son système à exécution, faire son plan de culture, calculé d'après le climat, les besoins des plantes, la nature et la richesse du sol : voilà ce qui formera son assolement.

Dans l'alternat ou culture alterne, on supprime presque généralement la jachère, et l'on retourne les prairies naturelles qui ne donnent pas de produits assez abondants. Tout cela est remplacé par les prairies artificielles et les plantes sarclées, au moyen desquelles on crée des masses d'engrais qui font obtenir, sur une même étendue de terrain, deux ou trois fois plus de produits que dans le système céréal pur. Ainsi, tout en diminuant l'étendue des terres ensemencées en céréales, on peut pourtant créer plus de grains ; et remarquons bien que, les frais de culture étant toujours en proportion de l'étendue et non en proportion des produits, l'avantage, de cette manière, est double, car les produits augmentent, tandis que les frais diminuent.

De la nécessité d'alterner les végétaux sur le même sol.

Pour comprendre la nécessité de l'alternat, il suffit de savoir que les plantes n'aiment à se succéder sur le même sol qu'à des intervalles assez longs ; que si une terre porte plusieurs années de suite la même récolte, le sol devient ordinairement peu productif, lors même qu'on y prodigue de l'engrais : on dit alors qu'il y a effritement. Dans ce cas, les mauvaises plantes prennent le dessus sur les bonnes, qui disparaissent presque complètement.

On ne peut guère prescrire telle ou telle rotation comme la meilleure. La rotation doit être modifiée selon la nature du sol et du climat. Elle peut être différente selon que la terre est légère ou forte, sablonneuse ou argileuse. Nous dirons cependant que toute rotation doit avoir pour caractère distinctif de permettre la culture des plantes fourragères artificielles et des plantes-racines ; avec cela, ou augmente son fumier et ses produits. Dans le Midi, les terres fortes ou calcaires portent une céréale tous les deux ans, et, dans l'intervalle, on cultive une légumineuse ou l'on fait jachère. Sur les terres légères, les céréales (ordinairement le seigle) reviennent tous les trois ans.

Dans l'Est, le Centre et le Nord, on suit avec succès, dans les terres fortes, l'assollement suivant : 1° jachère, 2° froment, 3° trèfle, 4° avoine, 5° froment ; ou bien, si la terre est de moyenne consistance, on remplace la jachère par une plante sarclée. Dans les terres légères, on supprime la jachère, et l'on fait succéder les unes aux autres, dans l'ordre ci-après, les plantes suivantes : 1° racines, 2° froment, 3° trèfle, 4° seigle ou orge selon la nature du sol, 5° sarrasin récolté ou enfoui. A Roville, on a eu, dans les bonnes terres de la plaine, la rotation que voici : 1° betteraves, 2° froment, 3° sarrasin enfoui, 4° orge, 5° colza, 6° seigle, 7° pâturage. Aujourd'hui que le colza se cultive beaucoup moins, on pourrait le remplacer par une plante-racine, comme la pomme de terre.

Parmi les rotations suivies en Allemagne, en voici une que l'on regarde avec raison comme très-productive : 1° plante sarclée (fèves et pommes de terre, etc.), 2° orge d'hiver, 3° seigle, 4° trèfle blanc à pâturer, 5° avoine. Dans les terres un peu fortes, on pourrait introduire avec avantage le blé dans une des trois années occupées par les céréales. En Angleterre, dans les contrées les plus avancées sous le rapport agricole, on suit cette rotation : 1° turneps (navets), 2° orge, 3° trèfle, 4° froment, 5° pois, 6° avoine, 7° turneps, 8° orge, 9° trèfle, 10° froment. Cette rotation, très-simple, peut se modifier selon les circonstances.

De la jachère.

On appelle jachère le repos que l'on donne à la terre en la laissant improductive pendant un an; néanmoins elle reçoit, pendant l'été de cette année de repos, les cultures nécessaires soit à son ameublissement, soit à la destruction des mauvaises herbes. On l'appelle, dans ce cas, jachère complète.

On peut encore avoir une demi-jachère : c'est lorsqu'on a pris une récolte faite de bonne heure, et que le sol n'est ensemencé qu'à l'automne ou au printemps suivant. Ainsi, lorsqu'on fait une récolte de blé, et qu'on attend jusqu'au mois de mai ou de juin suivant, pour faire une plantation de pommes de terre, on n'a qu'une demi-jachère, qui a lieu en hiver.

Suppression de la jachère.

Le principal reproche qu'on peut adresser à la jachère,

c'est la perte d'une année de produits qu'elle occasionne dans l'assolement. Cette perte, d'abord très-grande pour le cultivateur, devient énorme si on la calcule relativement au pays entier. On s'en convaincra facilement, si l'on considère qu'en laissant la moitié, le tiers ou le quart de ses terres improductif, la perte des produits du sol sera dans la même proportion.

La jachère doit être supprimée dans les cas suivants : 1° sur un sol riche et propre, où l'on fait revenir tous les quatre ou cinq ans une récolte sarclée qui permet de détruire les mauvaises herbes ; 2° sur un sol léger et qui pèche déjà par son trop grand ameublissement ; si, par le manque d'engrais ou la position de la terre, on est obligé de la laisser en repos, il vaut mieux y établir un pâturage, qui raffermit le sol tout en l'enrichissant ; 3° partout ou le loyer des terres est très-élevé, ce qui a lieu dans la proximité d'un grand centre de population ; partout où la propriété est très-divisée, 5° partout, enfin, où des amendements convenables se rencontrent, et où les capitaux ne manqueront pas.

Citons maintenant les circonstances où il est avantageux de conserver la jachère. Le résultat principal qu'elle doit produire, c'est l'ameublissement du sol et la destruction des mauvaises herbes ; or, malgré l'emploi des amendements les plus actifs, il est difficile d'ameublir convenablement une terre très-tenace, si l'on ne fait pas jachère. Pour la destruction des plantes nuisibles, comme le chiendent, une jachère complète est indispensable, et il ne serait pas suffisant d'avoir recours à une récolte sarclée seulement. Partout aussi où la population est peu nombreuse et les exploitations étendues, la jachère sera utile.

Les sols, selon leur nature, demandent des cultures à des époques différentes. Les uns s'ameublissent pendant l'hiver, comme, par exemple, les argiles maigres; tandis que, dans cette saison, d'autres, comme les terres blanches, se retournent en longues bandes qui se tassent par l'effet des gelées et des pluies. A des terres pareilles, une jachère est nécessaire pour qu'on puisse donner les cultures aux époques convenables. Néanmoins, dans ces cas mêmes, il ne faut pas abuser de la jachère, en la faisant revenir tous les trois ans, comme ceci a lieu trop généralement. (*Bentz* et *Chrétien*, de Roville.)

CHAPITRE IV.

Animaux domestiques. — Soins qu'ils exigent. — Services qu'ils rendent. — Mauvais traitements dont ils sont l'objet.

Du gros bétail.

Le but, dans la tenue du bétail, est d'obtenir de l'ouvrage, ou d'avoir des animaux qui, en proportion de la nourriture consommée, prospèrent vite, augmentent rapidement en poids ou montrent de bonnes dispositions pour l'engraissement.

Il faut, premièrement, s'attacher à placer les animaux dans des locaux bien aérés, salubres et convenablement disposés.

Une précaution essentielle dans la construction des écuries de chevaux et des étables pour les bêtes bovines, c'est de donner à chaque bête l'espace suffisant pour qu'elle soit à son aise (1 mètre 50 cent. à 2 mètres de largeur) ; de laisser derrière les animaux assez d'espace pour rendre la circulation facile, et d'avoir une fosse à purin. La hauteur sera de 3 m. 50 c. à 4 m. au moins. Le sol de l'écurie sera en pavé, ou, mieux encore, en bois. Des ventilateurs pour renouveler l'air sont aussi d'une grande utilité ; mais les courants d'air étant très-nuisibles, on ne doit jamais placer les ouvertures qu'au-dessus des animaux ou derrière eux.

La propreté est aussi un point essentiel pour les bestiaux. Nos cultivateurs, cependant, laissent bien à désirer sous ce rapport. Il faut étriller les chevaux deux fois par jour. Au lieu de distribuer la nourriture à des heures différentes et par quantités inégales, il est utile d'avoir pour cela des heures fixes, et de donner toujours des rations convenables. S'il s'agit de bêtes de trait, la ration doit être calculée d'après les travaux qu'elles ont à exécuter. Il faut aussi approprier la nourriture à l'âge de l'animal : ainsi, les grains que l'on offre à un cheval qui a perdu une partie de ses dents doivent être concassés ; autrement, ils ne lui profiteront pas. On ne doit pas oublier de donner du sel aux animaux, les avantages en sont incontestables : le sel purifie le sang et stimule l'appétit. Les bêtes bovines, surtout, le recherchent beaucoup.

Un bon cultivateur ne soumettra jamais ses bestiaux à un travail excessif, et il ne souffrira pas non plus qu'ils subissent de mauvais traitements (1).

Quand on a des bêtes malades, c'est à un homme de l'art qu'il faut s'adresser, et non à des charlatans, qui, le plus souvent, causent la perte des animaux au lieu de les guérir. Le jeune bétail doit être l'objet de soins assidus et particuliers. Le choix des reproducteurs est une condition importante de succès ; il faut pour cela des animaux exempts de défauts. Pour les bêtes bovines, comme pour les chevaux, on emploiera plutôt un étalon bien formé que de grande taille ; on ne doit faire saillir les génisses qu'à deux ans, n'employer les taureaux qu'à quinze ou dix-huit mois, et cesser de s'en servir à trois ou quatre ans.

Comme bête de trait ou de somme, le cheval est le plus précieux de tous les animaux, et, quoique son importance ait diminué depuis que les chemins de fer ont commencé à sillonner la France, il n'en est pas moins extrêmement intéressant.

Les chevaux pur sang ou arabes sont de superbes

(1) La loi du 2 juillet 1850 contient, à ce sujet, les dispositions suivantes :

Seront punis d'une amende de 5 à 15 fr., et pourront l'être d'un à cinq jours de prison, ceux qui auront exercé publiquement et abusivement de mauvais traitements envers les animaux domestiques.

La peine de la prison sera toujours appliquée en cas de récidive.

4**

coursiers; mais ils sont peu propres à la culture. Parmi les races de l'Europe, on remarque celle de Mecklembourg, du Holstein et l'anglaise. En France, nous estimons principalement la race percheronne (Normandie), la limousine, l'ardenaise et la franc-comtoise; ces deux dernières sont surtout recherchées pour le roulage. Presque partout on s'applique à régénérer les races du pays par l'emploi de l'étalon percheron. La jument porte ordinairement onze mois et quelques jours; il faut la ménager un ou deux mois avant la mise bas, ne pas l'atteler à côté du timon, lui faire prendre de l'exercice, mais avoir soin de ne pas l'épouvanter. Si le part est laborieux, on doit faire venir un vétérinaire. Quinze jours après sa délivrance, la jument peut être remise à un léger travail. Le poulain est sevré à l'âge de quatre à cinq mois.

Quant à la nourriture des chevaux, voici ce qu'il est bon d'observer. Sans être prodigue d'avoine, il ne faut pourtant pas la ménager trop, surtout pour les jeunes poulains. A deux ou trois mois ils commencent à manger du foin; on leur donne d'abord par jour une ration d'un kilogramme d'avoine et de deux à trois kilogrammes et demi de foin. Cette ration s'augmente successivement. Pendant l'hiver, les chevaux peuvent être nourris avec des pommes de terre et de bonne paille; cependant on y ajoute presque toujours du foin. Les carottes sont excellentes pour les chevaux, elles les rafraîchissent; ils recherchent moins les betteraves. La quantité d'avoine varie de six à vingt litres par jour, selon que le cheval travaille plus ou moins. Le foin se donne ordinairement dans la proportion de huit à dix kilogrammes par jour, accompagné de paille et de six à dix litres de racines. Le regain est destiné aux veaux et aux vaches. Pour les grains, il faut comparer les prix, afin de savoir s'il y a plus d'avantage à donner de l'avoine que de l'orge, ou du maïs plutôt que du sarrasin. Dans certains pays où les grains sont à très-bon compte, on donne aussi du pain aux chevaux. Les chevaux font trois repas : le matin, de trois à cinq heures ; au milieu du jour, de onze heures à une heure, et le soir à sept ou huit heures. Après chaque repas et avant de donner l'avoine, on leur fait boire de l'eau bien claire. Il y a des personnes qui les font boire immédiatement après qu'ils ont mangé l'avoine, mais c'est une pratique dangereuse.

Les maladies auxquelles les chevaux sont exposés sont celles de poitrine, la morve, la gourme, les coliques, la diarrhée, la courbature, les maladies d'yeux. Lorsqu'on achète des chevaux, ils peuvent avoir des défauts cachés, qui donnent à l'acheteur le droit de demander la nullité du marché ; c'est ce qu'on appelle vices rédhibitoires. Voici ceux qui sont reconnus comme tels par la loi du 20 mai 1838 : *fluxion périodique des yeux et mal caduc* (garantie, trente jours), *morve, farcin, maladie de poitrine, immobilité, pousse, cornage chronique,* le *tic sans usure des dents,* les *hernies inguinales intermittentes, la boiterie intermittente pour cause de vieux mal* (garantie, neuf jours).

De l'Éducation des bêtes bovines et de leurs produits.

On peut considérer l'éducation des bêtes bovines sous les points de vue suivants : l'élève, la production du lait et du travail, enfin l'engraissement ; et l'on peut diviser les races en catégories, dont chacune réponde à l'un de ces points. Les améliorations des espèces doivent être basées là-dessus.

Les races flamande, hollandaise et suisse se distinguent par la production du lait ; les races du Cotentin (en Normandie) et du Charrollais paraissent surtout propres à l'engraissement. Le Morvan fournit des bêtes excellentes pour le trait. Une nouvelle race, qui nous est venue depuis peu d'Angleterre, paraît appelée à remplacer toutes celles qui, jusqu'à présent, étaient préférées sous le rapport de l'aptitude à l'engraissement : c'est la race de Durham. Le principal avantage des animaux de cette espèce, c'est qu'ils peuvent s'engraisser à l'âge de quatre ans, tandis que les autres ne sont propres à l'engraissement que deux ans plus tard.

Une vache bonne laitière a ordinairement la peau lisse, la physionomie douce, de gros vaisseaux tordus de chaque côté du ventre, l'écusson bien marqué, le ventre un peu large à la partie inférieure, l'ossature mince, des mamelles grandes et molles.

Les animaux d'engrais ne doivent pas avoir l'air vif et peureux ; leurs marques distinctives sont une croupe large, un poitrail très-ouvert, une peau douce. Les vaches employées à la reproduction doivent avoir le thorax bien développé, et non le dos pointu comme celui d'un hareng.

Les signes distinctifs des bêtes de trait sont : une charpente osseuse et forte, un poitrail bien développé, les épaules larges, des pieds solides et conformés de manière qu'ils ne blessent pas l'animal dans sa marche.

Les vaches vêlent toute l'année, mais ordinairement en janvier et en février. Aussitôt que le veau est né, on le sépare de sa mère et on lui fait boire du lait écrêmé, dans un baquet; on mêle de l'eau d'orge ou des œufs avec le lait. Dans le troisième mois, il commence à manger du foin ou du regain. Une vache porte environ deux cent quatre-vingt-cinq jours. On doit couper les mâles pendant l'allaitement, et leur donner alors beaucoup de soins.

C'est une erreur de calculer les bénéfices à faire sur les vaches, d'après le nombre de têtes ; deux vaches mal nourries coûteront plus qu'une seule qui l'est abondamment, et cependant elles ne donneront guère plus de lait ni de fumier, et elles perdront de leur valeur au lieu d'en augmenter. Aussitôt qu'une vache a un défaut bien reconnu, soit parce qu'elle est mauvaise laitière, soit parce qu'elle n'est pas propre à la reproduction, il faut se hâter de s'en défaire.

Quant à la nourriture des bêtes bovines, on leur donne, outre le foin et le regain, de la paille d'avoine ou d'orge. En général, les pailles provenant des plantes printanières sont plus nutritives que les autres; celles de pois, de lentilles et de vesces sont préférables à celles d'épeautre, de froment et de seigle. Les racines peuvent former les trois quarts de la nourriture des vaches; les pommes de terre, les topinambours, les betteraves leur conviennent parfaitement. On doit éviter de donner aux bêtes la nourriture avec parcimonie; mais il ne faut pas non plus la prodiguer, car la dépense ne serait pas compensée par le produit. Pendant l'hiver, on peut observer la proportion suivante : pommes de terre, quinze à dix-huit kilogrammes; foin, cinq kilogrammes; paille, quatre à cinq kilogrammes; le tout équivaudra à quatorze ou quinze kilogrammes de foin.

L'abondance du lait dépend des races, de la nourriture, de l'âge des bêtes, enfin de la température. Dans la plaine, on a ordinairement plus de lait; dans les montagnes, on a plus de bêtes d'engrais et de trait. Après son troisième veau, une vache donne le meilleur lait, et à l'âge de huit ou dix ans, il diminue en quantité et en qualité; le lait trait le matin est plus riche que celui du soir. Lorsqu'on trait, il ne faut rien laisser dans le pis. Si le lait n'est pas d'un beau blanc, cela dénote quelque maladie de la vache ou la mauvaise qualité des fourrages. Pour savoir si le lait est riche, on se sert d'un instrument appelé *lactomètre* qui se divise en degrés.

Le bénéfice le plus sûr que puisse donner le lait s'obtient en le vendant en nature; mais, comme à une certaine distance des villes cela n'est guère possible, on en tire parti en le transformant en beurre et en fromage. Les fromages les plus renommés qui se consomment généralement en France, sont ceux de Neufchâtel en Normandie, de Gruyère en Suisse, et de Munster en Alsace. etc.

Pour faire du beurre, comme pour faire du fromage, on place le lait dans des vases plutôt plats que profonds ; lorsque le liquide arrive à une température de dix à douze degrés en été, treize à quinze en hiver, la crème se sépare ; en été, cela arrive ordinairement au bout de 40 à 48 heures. Pour avoir de bon beurre, on doit écrêmer avant que le lait soit caillé ; on bat ensuite, et si le beurre ne se forme pas on y ajoute un peu de sel. Il faut habituellement vingt-huit litres de lait ou cinq kilogrammes de crême pour faire un kilogramme de beurre.

On fait les fromages gras avec la crême et le caillé ; pour les fromages maigres, on n'emploie que ce dernier. La présure dont on se sert pour former le caillé est faite avec l'estomac du veau.

Les maladies suivantes, chez les bêtes bovines, sont considérées comme vices rédhibitoires : l'*épilepsie* ou *mal caduc* (garantie, trente jours), la *phthisie pulmonaire*, les *suites de la non délivrance*, le *renversement de l'utérus*.

Le typhus épidémique et la péripneumonie contagieuse sont les deux maladies les plus redoutables chez ces animaux. La péripneumonie à laquelle prédispose une mauvaise nourriture, est due principalement au passage subit du chaud au froid.

De l'engraissement des bêtes bovines.

Dans les localités où les fourrages sont abondants et à bon compte, et lorsque l'éloignement d'une ville ne permet pas de vendre le lait avec avantage, il sera bon d'engraisser les bêtes bovines et surtout les bœufs.

Il faut calculer le nombre de bêtes à engraisser d'après la quantité de fourrage dont on peut disposer, et ne jamais partager, par exemple, entre six ce qui ne suffit que pour cinq. Il a été démontré qu'un bœuf qui reçoit en tout sept kilogrammes et demi de nourriture par jour, ne paie pas le fourrage qu'il consomme, tandis que s'il en reçoit quinze, il paie les cinquante kilogrammes à raison de cinq francs quarante centimes. Il faut donc estimer sa provision de 2,000 à 2,500 kilogrammes pour un bœuf du poids de 6 à 700 kilogrammes dont l'engraissement doit durer cinq mois. Au reste, la provision de foin nécessaire dépend beaucoup de la quantité de racines que l'on possède; car, si l'on donne la moitié en rutabagas, en tobinambours, en betteraves ou en pommes de terre, ce qui sera fort avantageux, il ne faudra plus qu'environ 7 à 8 kilogrammes de foin par jour, ou 1,000 à 1,200 kilogrammes pour cinq mois.

C'est ordinairement en hiver que l'on engraisse. Il faut alors soumettre les animaux à un régime progressif. Si dès le commencement on donnait des aliments trop nutritifs, on nuirait aux bêtes, car il faut d'abord qu'elles prennent ce que l'on peut appeler du lest. On commencera donc par les nourrir avec de bon foin et avec des racines crues, puis on leur donnera des pommes de terre cuites. Ensuite on leur fera manger, trempée d'un peu d'eau, de la farine de seigle, de sarrasin ou de maïs; on pourra mélanger ensemble ces deux dernières. Dans la Charente, on achève l'engraissement avec des tourteaux de noix.

Pour boisson, on leur présentera de l'eau dans laquelle on aura fait dissoudre des tourteaux de colza : souvent ils font difficulté pour boire ce liquide, mais il faut être aussi entêté qu'eux, et ne pas leur offrir d'autre breuvage. Nous avons vu un bœuf rester onze jours sans vouloir boire de ce mélange ; il s'y décida enfin.

Des attelages.

L'entretien d'un cheval de taille ordinaire pendant une année peut être estimé à 350 fr.

La rente du prix d'achat, la diminution de valeur, les chances de mortalité peuvent encore s'évaluer à cent francs par an. Ainsi, deux chevaux seulement, nourris inutilement dans une exploitation, font éprouver au cultivateur une perte de neuf cents francs, somme très-considérable.

Il est plus avantageux de faire deux attelées par jour qu'une seule ; les animaux se fatiguent moins, durent plus longtemps et cultivent une étendue de terre plus considérable. Pour cela, il faut nourrir les animaux à l'étable, méthode très-utile sous bien des rapports. Si, au contraire, on envoie les animaux se procurer leur nourriture au pâturage, on ne peut faire par jour qu'une attelée de six à sept heures, tandis qu'un cheval, durant la majeure partie du temps, doit donner en deux fois dix à onze heures de travail, car on peut l'atteler de cinq à onze heures le matin, et de deux à sept après midi.

L'ordre que l'on apporte dans les travaux, surtout au moment de la moisson et de la fenaison, influe beaucoup sur la quantité d'ouvrage que fournit un nombre déterminé d'ouvriers, et c'est dans cette circonstance aussi que l'on peut le mieux apprécier l'importance des voitures attelées de chevaux, elles peuvent se succéder sans interruption et ne laissent par conséquent pas d'intervalles entre les travaux. A Roville, on évaluait à vingt centimes l'heure de travail d'un cheval, celle d'un ouvrier à quinze, et celle d'un bœuf à douze. Les circonstances de localité, le prix du fourrage, etc., doivent modifier cette estimation.

Quant au choix que doit faire le cultivateur relativement aux animaux de trait, il est fort difficile de se prononcer à cet égard, et généralement il conviendra de suivre dans le principe l'habitude de la localité; plus tard, on essaiera les modifications que la pratique aura fait reconnaître avantageuses. Ainsi, les faits peuvent démontrer qu'il y a économie à se servir de bœufs ou de vaches pour certains travaux, comme les labours et les menues cultures; mais il sera toujours plus utile de se servir de chevaux pour les grands travaux de la moisson et de la fenaison, parce que dans ces cas, il faut surtout de la célérité, qualité que l'on ne trouve pas chez les bœufs. On a calculé que deux bons bœufs ne fournissent tout au plus que trois quarts de travail de deux bons chevaux. On conçoit par là que, dans l'espace de quelques années, un cheval, par le surcroît de son travail, fait bien récupérer au cultivateur le prix qu'il retire de la vente, peut être un peu plus avantageuse, d'un bœuf dont il s'est servi comme bête de trait.

Dans la culture des terres argileuses très-tenaces, c'est une excellente méthode de mettre les chevaux dans la raie et en ligne; autrement, la terre se trouve trop battue, et le tirage lui-même est augmenté. Dans la pratique, on compte généralement que quatre chevaux mis en ligne ont la force de cinq attelés autrement.

Le bœuf et le mulet sont vindicatifs; quelquefois ils se vengent d'une manière terrible de celui qui les a injustement maltraités, au moment où il s'y attend le moins. Aussi, vaut-il mieux, sous tous les rapports, employer la douceur envers tous les animaux domestiques, qui nous rendent tant de services. En voyant certains cultivateurs accabler de coups leurs attelages, on est saisi d'indignation, d'autant plus que si les pauvres bêtes sont quelquefois arrêtées ou trouvent des obstacles qu'elles ne peuvent vaincre, c'est ordinairement de la faute de celui qui les dirige. Sous le rapport hygiénique, on les soigne souvent fort mal; au lieu de les bouchonner et de les préserver d'un refroidissement lorsqu'elles ont chaud, on les envoie boire, ou on les expose à un vent frais en les mettant dans des pâturages dont l'herbe est froide et humide.

(Bentz et Chrétien, de Roville.)

Du Mouton.

Le mouton est un animal domestique de la famille des ruminants. Les cultivateurs désignent souvent ces animaux sous le nom de bêtes à laine, ou bêtes blanches, et les vétérinaires sous celui de bêtes ovines.

Le mâle adulte se nomme bélier ; la femelle adulte, brebis. On appelle antenois ou antenoise l'animal qui est dans sa deuxième année ; agneau ou agnelle, celui qui n'est pas encore entré dans sa seconde année ; mouton ou moutonne, le mâle ou la femelle auxquels on a ôté la faculté de se reproduire.

De la Bergerie.

La bergerie est le bâtiment destiné à protéger les bêtes ovines contre l'intempérie des saisons : elle doit être assez vaste pour contenir à l'aise les animaux que l'on veut y renfermer, assez aérée pour que la chaleur ne s'y maintienne point à un degré trop élevé, et convenablement ventilée pour que les gaz méphitiques ne puissent jamais y séjourner ; enfin, elle doit être meublée de râteliers et d'auges propres à recevoir la nourriture du troupeau dans les mauvais jours.

Régime ordinaire des Moutons.

Le pâturage est indubitablement le régime le plus convenable pour les bêtes ovines. Le propriétaire d'un troupeau trouvera presque toujours du bénéfice à procurer à ses moutons un parcours abondant pendant toutes les saisons de l'année. Pour atteindre à ce but, on doit employer tous les moyens indiqués par la science agricole ; il faut créer des prairies qui se succèdent sans interruption, qui bravent les froids de l'hiver et les chaleurs du solstice d'été. C'est une entreprise difficile, mais non impossible.

On sait qu'un mouton de taille moyenne mange par

jour environ quatre kilogrammes d'herbe fraîche de prairie naturelle; cette herbe, quand elle est fanée, se réduit à un kilogramme de foin, dont se contente également le même mouton nourri au sec.

A l'approche de l'hiver, le parcours devient plus difficile; les prairies naturelles et artificielles s'épuisent, les terres vagues ne produisent plus d'herbe : c'est alors qu'un supplément de nourriture doit être distribué à l'étable. Les pailles et les fourrages secs font la base ordinaire de cette nourriture; chaque mouton devra en recevoir au moins un kilogramme par jour.

On peut se créer une grande ressource dans cette saison en cultivant quelques pièces de pimprenelle, où les moutons trouvent toujours à paître, puisque ni le froid ni la neige ne suspendent la végétation de cette plante. Il est aussi quelques cultivateurs qui entretiennent une certaine quantité de choux-cavaliers pour en distribuer les feuilles aux brebis, afin qu'elles aient plus de lait.

Celui qui élève des bêtes à laine commettrait une grande faute si pendant la mauvaise saison il n'avait point à sa disposition une quantité suffisante de navets, de pommes de terre, de betteraves, de carottes, de topinambours, pour tempérer au moins l'action échauffante de la nourriture sèche.

Des Races de Moutons.

Nous ne décrirons pas ici les innombrables races de moutons; elles se réduisent toutes à deux genres bien distincts : 1° moutons à laine frisée; 2° moutons à laine lisse.

Les premiers ont une taille moyenne, une toison tassée, à mèches très-ondulées, à brins très-fins ; leur hygiène exige des pâturages bien sains ; les contrées humides leur sont fatales ; ils n'utiliseraient pas convenablement de gras pâturages.

Les seconds ont une toison non tassée, à mèches longues, pendantes, pointues, dont le brin, généralement grossier, peut devenir très-fin dans des variétés perfectionnées ; ils arrivent à une taille élevée ; ils sont essentiellement propres à la boucherie ; ils supportent très-bien l'humidité constante de certains climats, et ne peuvent prospérer sans une nourriture très-abondante.

Du Mérinos.

Pendant plusieurs siècles, l'Espagne posséda seule cette belle race de moutons fins, connus sous le nom de mérinos ; elle en prohibait sévèrement l'exportation ; cependant, en 1723 la Suède, en 1765 la Saxe, en obtinrent un troupeau ; la France n'eut la même faveur que vingt ans plus tard.

Cette espèce de moutons est moins vive, moins précoce, plus lente à se développer, et d'une charpente osseuse plus forte que nos espèces communes ; mais c'est surtout par la toison qu'elle se distingue ; sa laine réunit toutes les bonnes qualités.

Dans l'état actuel de l'agriculture française, le mérinos peut être considéré comme l'espèce la plus productive des bêtes à laine ; il demande aussi plus de soins, sa direction exige plus d'habileté.

De la Gestation.

Les soins que demande la brebis pendant la gestation ont tous pour but d'amener à bon terme un agneau en bon état, et de préparer la mère à l'allaitement qui sera nécessaire pour élever son petit ; on doit éloigner tous les accidents que lui causerait une émotion un peu vive.

Le berger doit donc redoubler de douceur dans la conduite du troupeau ; il marchera lentement, ne laissant aucune bête éloignée, afin qu'elle ne coure pas avec rapidité pour rejoindre les autres ; il modèrera l'ardeur de ses chiens, les empêchant de mordre ou même de poursuivre aucune brebis avec acharnement.

A mesure que l'époque du part approche, la nourriture des mères doit devenir l'objet d'une attention spéciale : la qualité doit en être bonne ; la quantité ne peut être trop forte ou trop faible sans exposer à des suites fâcheuses. Une nourriture trop abondante, en augmentant excessivement la graisse et la masse du sang, tend à déterminer le décollement du placenta, et à occasionner une hémorrhagie suivie infailliblement de l'avortement.

D'un autre côté, il n'y a pas moins de raisons pour éviter la parcimonie, qui préside bien souvent à l'entretien des troupeaux : un éleveur doit se dire sans cesse que les brebis, après le rut, ont besoin de réparer leurs forces et de fournir à l'accroissement de leur fœtus ; et, s'il se refusait à satisfaire leurs besoins, il agirait certainement contre ses intérêts.

Des Moutons à longue laine lisse.

C'est en Angleterre que l'on trouve les variétés les plus perfectionnées de cette race que nous avons désignée sous le nom de moutons à laine lisse. Les moutons que nous possédons en France, dans le Nord et dans l'Ouest, sont bien inférieurs à ceux de l'Angleterre sous le rapport de la toison et de la forme du corps.

Les races anglaises à laine longue lisse sont très-variées. Les comtés de Durham, d'York, de Lincoln, de Leicester, en fournissent plusieurs. On en trouve d'énormes dans le Lincolshire et le Yorkshire. C'est dans le comté de Leicester que Backwell a créé la race qui porte son nom, ou plutôt, celui de sa ferme, appelée Dishleygrange.

Dans la formation de cette race, cet habile éleveur s'est attaché, avant tout, à créer des animaux qui devinssent le plus gras possible ; la laine n'a été pour lui, comme pour beaucoup d'Anglais, qu'un produit secondaire ; on a cherché le contraire dans les améliorations qui se sont faites en France sur la race mérinos.

La graisse se forme dans les moutons Dishley à un âge beaucoup moins avancé que dans nos races ; des bêtes de quinze mois peuvent avoir acquis tout leur embonpoint et être tellement chargées de graisse, qu'elles seraient difficilement mangeables en France, et qu'en Angleterre même on leur reproche de l'excès d'obésité.

Du Porc ou Cochon.

Du sanglier sont sorties des races plus ou moins éloignées du type sauvage. Parmentier, qui s'est beaucoup occupé de l'éducation des cochons, en distingue trois races principales pour la France.

La première, celle de la vallée d'Auge, se rencontre en Normandie dans toute sa pureté. La deuxième est connue sous le nom de cochon blanc du Poitou. La troisième race est celle du Périgord.

Du mélange de ces races sont nées des variétés sans nombre, qu'il serait beaucoup trop long de décrire ici. Nous nous bornerons à dire sur cet animal ce que nous savons de plus intéressant.

Le cochon est du genre des mammifères et de l'ordre des pachydermes.

Le mâle se nomme verrat; la femelle se nomme truie; les jeunes s'appellent porcelets ou gorets. Le nom de porc, de cochon, s'applique habituellement à l'animal mâle ou femelle auquel on a ôté la faculté de se reproduire.

De tous nos animaux domestiques, le porc est le plus fécond, le plus facile à élever, à nourrir, à acclimater; la Providence en a répandu les races diverses sur presque toutes les contrées du globe; toutes les substances animales ou végétales sont pour le porc des aliments; il supporte la domesticité la plus étroite, et sait pourvoir lui-même à sa subsistance quand on la lui laisse chercher : deux qualités bien précieuses qui ne se rencontrent dans aucun autre animal.

Libre ou retenu en captivité, il offre à son maître un produit assuré ; sa chair peut figurer avec honneur sur toutes les tables ; elle sert à la préparation des charcuteries les plus délicates et les plus recherchées ; sa graisse est pour les légumes du pauvre un assaisonnement inappréciable ; son sang, ses entrailles, tout son corps, en un mot, est utilisé pour la nourriture de l'homme.

Sa voracité, qu'on lui reproche quelquefois, est, au contraire, un moyen admirable que nous a fourni la nature pour transformer en substance utile toutes les matières dont refusent de se nourrir nos autres animaux domestiques.

Il est aujourd'hui certain que les races à jambes courtes, à reins larges, aux membres ramassés, connues sous le nom de porcs anglo-chinois, provenant du croisement de l'espèce européenne avec celle de la mer du Sud, s'engraissent plus vite, avec moins de nourriture, et qu'au moment de l'abatage le déchet est moindre que dans aucune de nos variétés d'Europe. En d'autres termes, il est démontré qu'une livre de viande de porc anglo-chinois coûte moins cher à produire qu'une livre de viande de cochon de toute autre espèce.

Il serait donc sage d'abandonner nos variétés françaises, ou de donner à celles-ci les qualités dont elles sont privées, en les alliant avec des cochons chinois. Bien entendu, toutefois, que ce conseil s'adresse à ceux qui engraissent, et non à ceux qui élèvent pour vendre sur les foires ou marchés, car ceux-ci doivent se conformer au goût de ceux qui achètent ; la meilleure race

pour eux est celle dont ils trouvent le mieux à se défaire, quels qu'en soient, du reste, les défauts.

Ces animaux peuvent être engraissés avant le sevrage,
pour être vendus comme cochons de lait ; après le sevrage, pour produire du petit salé ; plus tard, quand on
veut obtenir beaucoup de chair et de lard.

De la Porcherie.

L'erreur la plus préjudiciable à l'éducation du cochon
est de croire que cet animal se plaît dans les ordures,
et de n'accorder, en conséquence, aucune attention à
la propreté du toit qui doit l'abriter. Il est, au contraire, le seul de tous les bestiaux qui ne dépose jamais
volontairement ses excréments sur la litière où il repose : le mouton, le bœuf, le cheval satisfont leurs
besoins où ils se trouvent ; le porc, au contraire, quand
il est libre dans sa loge, choisit toujours la place la
plus isolée, et quand on essaie de l'attacher il se recule
autant que sa longe le permet. Des expériences ont
démontré qu'il engraisse beaucoup plus rapidement
dans une étable nettoyée avec soin que lorsqu'on laisse
longtemps séjourner la même litière sans la renouveler.

La disposition de la porcherie sera donc telle, que
l'on puisse facilement entretenir la propreté dans chaque
loge. Quand on élève peu de porcs dans une ferme,
deux ou trois loges suffisent ; mais si l'on s'adonne à
leur éducation en grand, il est très-convenable d'avoir
un grand nombre de loges réunies dans une cour particulière, et encore mieux de consacrer plusieurs petites
cours aux différentes classes de porcs, de façon qu'il

soit possible de tenir à part principalement les truies pleines et les porcs à l'engrais. Chacune de ces cours devrait, pour être parfaite, se trouver à l'abri des vents très-froids, être garnie de quelques arbres, et pourvue d'un bassin rempli d'eau, afin que les animaux pussent se mettre à l'ombre en plein air, se laver et se frotter toutes les fois qu'ils en sentiraient le besoin.

CHAPITRE V.

Principaux Instruments aratoires. — Leur emploi. — Leur utilité. — Voirie. — Avantages des voies de communication.

En réalité, le mobilier aratoire vraiment utile ne comprend qu'un fort petit nombre d'instruments : une bonne charrue, une herse et un rouleau suffisent pour faire une excellente agriculture, et la plupart des cultivateurs ne peuvent point en avoir d'autres ; cependant nous parlerons aussi de la houe à cheval, dont quelques propriétaires font le plus grand cas.

Des Charrues.

Les charrues les plus simples se composent de diverses parties que nous devons étudier d'abord séparément, afin d'en connaître l'usage, et, autant que possible, les conditions les plus nécessaires à la bonne construction de ces parties, qui sont le soc, le coutre, le sep, le versoir, l'age ou la haye, le régulateur et le manche.

Le Soc. — Le soc est la partie de la charrue qui détache la bande de terre concurremment avec le coutre, et la soulève en avant du versoir. En ne considérant que les socs dont l'usage est le plus général, on peut les ranger en deux divisions : les uns ayant la forme d'un fer de lance ou d'un triangle isocèle plus ou moins allongé, également tranchants des deux côtés ; les autres à une seule aile, ne coupant que d'un côté, et ne formant qu'une moitié de ceux dont nous venons de parler. Les premiers sont indispensables pour les charrues à double versoir ou à tourne-oreille ; les seconds s'appliquent aux charrues à versoir fixe.

Le soc se compose de deux parties fort distinctes : l'aile ou les ailes, dont la destination est de trancher la terre, et la souche, qui n'a d'autre but que d'unir cette partie essentielle à la charrue, et de commencer pour ainsi dire la courbure du versoir.

Le Coutre. — En avant du soc, pour régulariser et en faciliter l'action, se trouve le coutre, espèce de couteau destiné à trancher la terre verticalement ou à peu près verticalement, et, dans les charrues à versoir fixe, à séparer la bande, sur le côté opposé à ce versoir, du sol non encore labouré.

La forme des coutres varie : tantôt ils sont droits, tantôt recourbés en arrière comme les tranche-gazons ; le plus souvent ils se recourbent légèrement en avant, à la manière des faucilles.

Le Sep. — Le sep est cette portion de charrue qui

reçoit le soc à sa partie antérieure, et, assez communément, l'origine du manche à sa partie postérieure. Il glisse au fond du sillon, de manière à s'appuyer sur la terre non labourée, du côté opposé au versoir. Tantôt il ne fait qu'un avec la gorge, qui le prolonge et l'unit à l'age; tantôt il est fixé à cette dernière pièce par un plateau ou par deux étançons ou montants.

Il faut avoir soin de le bien polir; de le faire en bois dur, tel que le hêtre, le chêne, etc.; de le garnir de bandes de fer en dessous, ou même de le construire en entier en fer forgé ou en fonte nerveuse.

Le Versoir. — Ce n'était pas assez de détacher la bande de terre du fond du sillon; pour atteindre toutes les conditions d'un bon labour, il fallait encore la soulever, la déplacer et la retourner de côté dans la raie précédemment ouverte. Telle est la destination du versoir.

Les versoirs affectent deux formes principales qui se modifient, on peut dire à l'infini, dans leurs proportions et leurs détails. Ils sont à surfaces planes ou diversement contournés.

Planes, ils sont ordinairement faits d'une planche plus ou moins large, plus ou moins mince, clouée ou accrochée au côté droit du sep près du soc, et tenue à distance de ce même sep, à sa partie postérieure, par un ou deux bras. Dans cette position, ils repoussent la bande de terre, et la retournent même tant bien que mal lorsqu'elle offre une certaine consistance, et qu'ils ont une longueur et une obliquité convenables. Mais, dans la plupart des circonstances, ils donnent des résultats fort imparfaits, et, par surcroît d'inconvénients, le poids et le frottement de la terre, dont ils ne sont débarrassés que lorsqu'elle en a dépassé l'extrémité, augmentent considérablement la résistance au tirage.

Naguère, les versoirs de la plupart de nos charrues avaient cette forme vicieuse. Beaucoup l'ont même conservée ; néanmoins, depuis un certain nombre d'années les versoirs contournés se sont multipliés en France d'une manière remarquable. Tous les cultivateurs qui connaissent le prix et les conditions d'un bon labour les ont adoptés.

Le versoir doit être combiné de manière à retourner la bande de terre obliquement plutôt qu'à plat. Cette inclinaison est précisément celle qui, au moyen des espaces restés vides entre chaque tranche, opère l'ameublissement du sol de la manière la plus parfaite ; car l'air est ainsi, en quelque sorte, renfermé dans la terre et entre en contact, même avec la partie inférieure du sol. Ces espaces servent aussi à conserver l'eau que les pluies ont amassée dans la terre, et, lorsque cette humidité s'est évaporée par la chaleur, le sol s'ameublit encore davantage.

De l'age. — L'age est destiné à recevoir et à transmettre le mouvement de progression à la machine entière. Assez souvent il est assujetti sur le devant de la charrue par le *montant* ou la *gorge*, à l'extrémité inférieure de laquelle s'unissent le sep et le soc, et sur le derrière par le manche gauche. D'autres fois il est supporté par deux étançons, l'un antérieur et l'autre postérieur. Il est évident que l'union de ces parties doit se faire de manière que, quand les traits sont convenablement fixés, la charrue marche parallèlement à la surface du sol, et pour cela il faut que l'age ne soit ni trop relevé ni trop abaissé sur le devant.

Dans les charrues à avant-train, on peut obtenir l'entrure voulue, soit en élevant ou en abaissant l'age sur son point d'appui.

Le régulateur, ainsi qu'il l'indique par son nom, sert à régler l'entrure de la charrue, et, étant perfectionné, à modifier la largeur de la raie ouverte par le soc.

Pour les charrues à avant-train, tout ce qui contribue à abaisser la haye sur son appui, à rapprocher ce point ou à l'éloignèr du corps de la charrue, ou, enfin, à modifier la direction du tirage, doit être considéré comme régulateur. Parfois c'est une simple broche qui maintient l'anneau où s'attache la chaîne, et qui peut la fixer plus ou moins haut sur l'age au moyen de trous pratiqués de proche en proche pour la recevoir ; d'autres fois ce sont des rondelles qui s'interposent, en plus ou moins grand nombre, entre ladite broche et le point de tirage.

Du manche et des mancherons. — Dans une charrue bien combinée et bien construite, non-seulement un manche unique peut suffire, mais, ainsi que l'a démontré M. Grangé, il n'est vraiment indispensable que lorsque quelque obstacle, en soulevant ou en écartant le soc, a pu le faire dévier de sa direction première.

Diverses charrues n'ont qu'un manche, sur lequel le laboureur pose la main gauche, se réservant ainsi la droite pour diriger et activer les animaux de trait. Parfois, près de l'extrémité de ce manche, on adapte un petit mancheron, comme dans la charrue de Brabant. Le plus souvent le manche se compose de deux mancherons : l'un de gauche, qui s'élève obliquement dans la ligne de l'age ; l'autre de droite, qui s'en écarte plus ou moins de ce côté. On ne peut se dissimuler que ce dernier ne serve beaucoup, dans les cas difficiles, pour la direction de l'instrument. Ordinairement le manche simple ou composé de deux mancherons est placé à l'extrémité postérieure de la charrue.

Tandis que dans un grand nombre de contrées, on ne croit pas pouvoir labourer la terre avec une charrue sans avant-train, dans d'autres on considère cette pièce comme inutile, nuisible même. Néanmoins, et nous devons le reconnaître, sans l'avant-train, il est extrêmement difficile de donner avec quelque régularité les labours peu profonds d'écobuage et ceux pour déchaumer, ainsi que d'obtenir un bon travail dans les sols tenaces lorsqu'on les attaque un peu humides, parce que la terre qui s'attache sous le sep et aux diverses parties de l'instrument tend constamment à le jeter hors de la raie. Cette dernière circonstance, surtout, mérite attention : seule, elle serait de nature à empêcher de proscrire l'avant-train d'une manière absolue.

Donner une description de toutes les charrues des divers départements de la France, ce serait entreprendre un travail plus curieux qu'utile, et beaucoup trop vaste pour un ouvrage de la nature de celui-ci. Nous nous bornerons donc à citer celles dont l'usage est le plus répandu. C'est ainsi que, remontant d'abord aux charrues déjà anciennes qui ont, à juste titre, conservé leur réputation au milieu d'innovations récentes, nous citerons la charrue *Guillaume*, celle de *Brie perfectionnée*, la charrue *Champenoise*; que, passant ensuite aux charrues plus modernes, nous ferons connaître celles de MM. Mathieu de Dombasle, Pluchet et Grangé.

Herse. — Il y a deux espèces de herses, les *légères* et les *pesantes*. Les légères sont le plus souvent à dents de bois, les pesantes sont à dents de fer. Les premières suffisent aux travaux des terres sablonneuses ou peu compactes; les autres sont indispensables sur les sols argileux et tenaces.

Les dents de herse sont ou quadrangulaires, ou triangulaires; dans les herses modernes les plus perfectionnées, elles ont la forme de coutres; cette disposition présente entre autres avantages, celui de permettre de faire des hersages profonds ou des hersages légers, selon que l'on attache les traits de manière que les dents, lorsque l'instrument marche, aient le tranchant en avant ou dans le sens contraire.

Trop communément on place les dents à peu près au hasard sur les châssis qui les supportent; cependant, en théorie, il faut non-seulement que chacune fasse sa raie particulière, et que cette raie ne soit pas parcourue par une autre dent, mais encore que toutes les raies soient équidistantes entre elles.

Les dimensions et la forme des herses varient nécessairement selon leur destination : sur les terrains labourés à plat, elles peuvent être plus ou moins grandes.

selon les circonstances ; on les construit tantôt en triangle, tantôt en carré.

Dans les localités où on laboure en billons et où l'on ne herse conséquemment qu'en long, on divise les herses en deux parties assez souvent concaves, qu'on réunit l'une à l'autre par le moyen d'anneaux ou de toute autre manière.

La manière d'atteler les chevaux à la herse n'est pas indifférente ; car, lorsque le tirage se fait par une chaîne simple, la marche de l'instrument devient très-irrégulière par l'effet des balancements causés par les mottes ou par l'inclinaison du terrain. C'est pour remédier à cet inconvénient que le crochet se fixe à l'un des anneaux de la chaîne, non pas au milieu, mais à droite, afin que la herse marche de biais. On reconnaît que la herse fonctionne bien, lorsque les deux pièces de bois placées diagonalement sur les timons cheminent sensiblement à l'œil parallèlement à la ligne de direction de l'instrument, et non obliquement. Ces deux pièces servent aussi à soutenir la herse, que l'on renverse sur le dos lorsqu'on la conduit aux champs.

Pour obtenir le plus fort degré d'entrure, on tourne la herse de manière que les dents marchent la pointe en avant, et l'on attache les deux extrémités de la chaîne aux trous supérieurs des pitons. Si, au contraire, on attache les bouts de la chaîne à la partie inférieure des pitons, la herse pénètre moins dans la terre.

(Bailly de Merlieux.)

Rouleau. — On connaît peu, dans certaines contrées, l'usage du rouleau ; c'est pourtant un instrument d'une admirable efficacité pour opérer l'ameublissement et le nettoiement du sol, surtout quand on cultive des terres fortes. Qu'une pièce de cette nature, après avoir été labourée, vienne à être saisie un jour seulement ou même quelques heures par un soleil ardent, elle sera prise en grosses mottes, dont la dureté approchera bientôt de celle de la pierre, et que les herses les plus lourdes ne sauraient entamer ; il serait inutile désormais, jusqu'à ce qu'il vienne à pleuvoir, d'essayer de donner à ce terrain une culture quelconque ; on n'y peut rien faire. Ce défaut des terres fortes et cet inconvénient de la sécheresse sont très-graves ; mais il y a un moyen facile d'y parer. Ce moyen consiste, à mesure que la terre se laboure, à y faire passer un pesant rouleau, auquel on fait succéder immédiatement la herse. Cette triple façon ameublit complétement le sol ; et dès lors il restera divisé et susceptible d'être labouré de nouveau, ou ensemencé quand on voudra, quelles que soient la chaleur et la sécheresse qui succèdent, et quelle qu'en soit la durée. Mais, je le répète, pour que ce résultat soit sûrement obtenu, il faut que la charrue, le rouleau et la herse se suivent de près ; il faut que le terrain labouré soit roulé et hersé sans le moindre retard.

Le rouleau que j'emploie a un mètre de long et cinquante à soixante centimètres de diamètre. Pour rouler une planche de deux à trois mètres de large, il est conduit sur l'un des côtés, revient sur l'autre, et passe enfin sur le milieu. Les côtés des planches restent ainsi suffisamment évidés pour s'égoutter.

Houe à cheval. — Il y a longtemps que l'agriculture

anglaise se sert avec succès, pour opérer les binages, d'instruments conduits par des chevaux ; nous devons cependant avertir nos lecteurs qu'il est un certain nombre de plantes pour la première façon desquelles on ne peut utiliser la houe à cheval. L'action de cet instrument est tellement rapide, que l'homme qui le dirige n'aurait pas le temps de le guider justement entre chaque rangée de plantes, si celles-ci, par la verdure de leurs feuilles, ne tranchaient pas avec la couleur du sol ; cet inconvénient se rencontre souvent dans le premier binage ; mais, passé cette époque, la houe à cheval peut toujours être employée. Celle qui est le plus généralement usitée aujourd'hui pour les plantes semées en lignes espacées d'au moins 50 cent., est assez simple dans sa construction. Un soc est placé à l'extrémité antérieure de la branche médiane, et à celle-ci sont attachées deux ailes ou branches latérales qui reçoivent des couteaux ou des dents de fer recourbées. Les deux ailes s'éloignent ou se rapprochent à volonté, selon que l'exige l'espace qui existe entre les rangées de plantes ; elles ont un mouvement de va-et-vient sur leur pivot, à la partie antérieure, et se fixent immobiles à la partie postérieure par le moyen d'une traverse horizontale en fer, qui est percée de trous correspondant à ceux qui se trouvent pratiqués dans les branches latérales, et destinés les uns et les autres à recevoir une cheville pour maintenir l'assemblage.

On n'attèle qu'un cheval à la houe. Dans les commencements, lorsque l'animal n'est pas familiarisé avec cette opération par l'habitude et l'exercice, il faut un enfant pour le guider ; mais bientôt il comprend la manœuvre, et un seul homme suffit alors.

On aura soin de disposer l'instrument de manière qu'il ait une légère tendance à pénétrer dans le sol.

Si quelquefois la houe est entravée dans sa marche par l'accumulation des herbes qui se sont attachées à ses couteaux, le conducteur enlève le train antérieur en s'appuyant sur les mancherons, et le laisse retomber vivement : la secousse détache les herbages qui se trouvent en avant ; il soulève également le train postérieur au moyen des mancherons, et la même manœuvre débarrasse complètement l'instrument. Ces deux mouvements n'exigent nullement que l'on s'arrête. Ils sont d'autant plus efficaces qu'ils sont plus instantanés.

Il est rare qu'un seul coup de houe à cheval suffise pour amener la terre à un état suffisant d'ameublissement ; on approfondit graduellement le binage, en passant autant de fois que cela est nécessaire.

Voirie.

La loi du 21 mai 1836, concernant les chemins vicinaux, est assurément une des plus utiles de celles que contiennent nos Codes, quand on songe qu'il y a 25 ans, à cause du mauvais état des voies publiques, dans certaines parties de la France, en Bresse, par exemple, on mettait en hiver deux jours pour faire 28 kilomètres ! On était alors obligé de voyager, comme autrefois les rois fainéants, sur des chars traînés par des bœufs, parce que les chevaux, n'ayant point le pied bifurqué, comme les animaux de la race bovine, s'enfonçaient plus facilement dans la boue et finissaient par y rester.

Combien d'améliorations et de bien-être en tout genre ont été la conséquence de cette loi, sourtout pour les populations rurales ! Et pourtant de quelles malédictions n'ont pas été assaillis les entrepreneurs des premiers chemins de grande communication, par ces mêmes cultivateurs qui apprécient aujourd'hui toute l'utilité de bonnes voies publiques ! Une des plus grandes calamités qui puissent affliger une contrée, c'est d'être traversée par de mauvais chemins.

Les bonnes routes sont de la plus grande utilité aux populations au milieu desquelles elles se trouvent ; elles servent aux cultivateurs à mener vendre au loin leurs denrées, et à transporter les engrais dans leurs champs à l'époque pluvieuse des semailles ; elles rapprochent considérablement les distances. Enfin, elles attirent un plus grand nombre de voyageurs dans les lieux où elles ont été construites, ce qui est toujours fort avantageux pour un pays.

Les articles les plus importants de la loi du 21 mai 1836 sont ceux qui correspondent aux numéros 3, 4, 5, et 8.

Les voies de communication par terre peuvent être divisées ainsi qu'il suit :

1° Les grandes routes ou routes impériales, les départementales, les stratégiques (par exemple en Vendée), établies et entretenues aux frais de l'Etat ou des départements, et placées dans les dépendances du domaine public ;

2° Les chemins vicinaux de grande communication ;

3° Ceux de moyenne communication ;

4° Les chemins vicinaux ordinaires classés comme tels ;

5° Les chemins ruraux aussi classés ;

6° Enfin, les chemins d'exploitation qui ont un caractère privé, et qui, en général, ont été établis sur certains fonds pour l'utilité, l'agrément ou l'exploitation d'héritages possédés par d'autres maîtres, ou pour la desserte commune de fonds situés dans la même partie de territoire.

Les deux dernières sortes de voies de communication que nous venons de désigner ne sont aujourd'hui régies que par les principes généraux du droit civil, sur l'application desquels il a été rendu un assez grand nombre de décisions, la plupart contradictoires, de la Cour de cassation et du Conseil d'état.

Les chemins vicinaux ordinaires sont ceux qui ne servent, en général, qu'aux habitants d'une seule commune, pour se rendre à une grande route, à une rivière, à un hameau.

Ceux de moyenne communication sont ceux qui conduisent d'un clocher à un autre, c'est-à-dire qui servent en même temps aux habitants de deux ou de plusieurs communes.

Enfin, les chemins de grande communication sont ceux qui, en aboutissant à des villes, à des chefs-lieux de cantons, desservent dans leur passage un assez grand nombre de communes. La loi que nous avons déjà citée plusieurs fois détermine par quels moyens les chemins vicinaux dont nous venons de parler seront créés et entretenus.

La pierre, le silex ou caillou, et le gravier, sont les éléments nécessaires pour faire des routes ; malheureusement, ces matériaux manquent dans plusieurs contrées. Dans cette fâcheuse situation, on peut néanmoins parvenir à faire des chemins vicinaux ordinaires d'un bon usage pour les voitures, sans y mettre de pierre ; mais il faut, pour cela, que ces chemins soient exécutés suivant les procédés et avec les précautions nécessaires pour les préserver entièrement de la stagnation des eaux, et qu'on les entretienne convenablement. Cet entretien est facile et peu dispendieux, car il suffit 1° de tenir en bon état les rigoles, fossés ou puisards où ils s'égouttent ; 2° de maintenir la régularité du bombement, en rechargeant avec de la terre dure les endroits qui s'affaissent ; 3° et d'y passer le rouleau de temps en temps, pour raffermir le sol après les pluies et pour effacer les ornières à mesure qu'elles deviennent un peu profondes.

Assurément, il n'est pas en France de commune qui ne puisse, par ces moyens économiques, améliorer en peu de temps ses chemins et les rendre faciles à parcourir, en attendant qu'on puisse y faire des chaussées.

CHAPITRE VI.

De l'Horticulture.

—

Défonçage, Labour, Binage, Semis, Semis sur couches
et sur Ados.

———

Défonçage.

En terme de jardinage, le mot *défoncer* signifie
creuser jusqu'à 70 centimètres ou 1 mètre de profondeur le terrain, soit pour placer du fumier dans le
fond, soit pour remplir le vide avec de la terre nouvelle, soit enfin pour que cette masse de terre soit bien
remuée et bien mêlée, et que la partie de dessous se trouve
dessus. Dans ce but on ouvre une tranchée à laquelle
on donne ordinairement 70 centimètres de profondeur,
et l'on en transporte la terre à l'autre extrémité de la
pièce à défoncer. Les ouvriers, en avançant toujours,
comblent la tranchée qu'ils ont derrière eux et en ou-
vrent de nouvelles, jusqu'à ce qu'ils soient arrivés au
terme; comme il s'y trouve nécessairement un vide, ils
le remplissent avec la terre qu'ils ont transportée de ce
côté en commençant cet ouvrage.

Labour.

C'est l'action de remuer la terre avec la charrue,

avec la bêche, avec la houe, ou enfin avec un instrument quelconque. Quoique tout travail qui remue la terre soit un vrai labour, cependant on entend plus communément par ce mot le travail en grand fait avec la charrue.

Le premier but du labourage est de soulever une couche de terre, d'en amener les parties inférieures à la surface du sol, et de retourner en dessous celles de la surface. Le second est de diviser et de séparer les molécules de la terre les unes des autres, afin qu'un plus grand nombre soit exposé aux effets de la chaleur, de la lumière du soleil, de la pluie, des rosées, enfin de tous les météores.

Manière de labourer. — On peut labourer à plat ou par billons.

On laboure à plat, lorsque la charrue, en allant et en revenant, jette toujours la terre du même côté du champ, et remplit successivement chaque raie en traçant une autre raie à côté, de sorte que la pièce de terre ainsi labourée présente une surface unie.

Labourer par billons, c'est faire de distance en distance, des sillons creux, et élever la terre qui se trouve entre ces raies.

Il y a des cas où il peut être utile de labourer par billons ; généralement il vaut mieux labourer à plat, en ayant soin de pratiquer dans le sol des rigoles d'écoulement pour les eaux.

Les animaux qu'on attèle le plus ordinairement à la charrue sont les chevaux et les bœufs ; on y attèle aussi les mulets. Il y a même des pays dont le terrain est extrêmement léger, où la charrue est tirée par des ânes.

Le travail des chevaux est plus prompt, celui des bœufs est plus uniforme. Les bœufs coûtent moins à nourrir ; mais les chevaux font des charrois pour lesquels les bœufs conviennent moins, à cause de leur lenteur.

Pour que le labour soit bien fait, il faut qu'il soit bien égal, que la terre soit bien remuée, et que celle de dessus soit parfaitement renversée.

On dit que le labour est égal, quand les raies que trace le soc sont partout à égale distance les unes des autres, et quand elles ont la même profondeur.

Voici comment le laboureur doit disposer sa charrue avant d'entamer la pièce de terre :

S'il veut labourer profondément, il aura soin que l'age soit peu avancé sur l'avant-train ; au contraire, il avancera l'age sur l'avant-train s'il veut que le labour soit peu profond. Si la charrue n'a pas d'avant-train, il élèvera ou abaissera l'age à l'aide des coins qui l'assujettissent.

Le laboureur commence la première raie en soulevant les mancherons et s'appuyant en même temps dessus, de manière à pousser vigoureusement en avant pour forcer le soc à piquer. En voyant la charrue avancer, il reconnaît s'il donne au labour la profondeur voulue ; s'il n'est point entré assez avant, il arrête sa charrue pour abaisser l'age ; s'il a donné trop d'entrure, il arrête également et élève l'age. Quand la charrue pique à la profondeur voulue, il cesse d'appuyer aussi fort, s'occupe à diriger le soc en droite ligne, en tenant toujours le manche, afin que le soc ne s'écarte ni à droite ni à gauche.

En faisant le sillon, le laboureur continue d'appuyer légèrement sur les mancherons ; il doit diriger son effort du côté du versoir, afin de l'aider à bien renverser le sol sens dessus dessous.

Après avoir achevé son sillon, le laboureur, avant d'en commencer un autre, enlève la terre qui s'est attachée au versoir et au sep, et débarrasse la charrue des racines, des herbes et des broussailles qui s'y sont arrêtées. Il doit aussi examiner si, dans le cours du travail, sa charrue ne s'est pas dérangée. (*Barrau.*)

Bêche. — La bêche est un instrument d'agriculture ou de jardinage, composé d'un manche de bois plus ou moins long, suivant les espèces de bêche, et d'un fer large, aplati et tranchant. On se sert de cet instrument ainsi emmanché pour remuer et labourer la terre, ce qui se fait en y enfonçant la bêche à la profondeur de 33 centimètres, afin de renverser le terrain sens dessus dessous, et, par ce moyen, faire mourir les mauvaises herbes et disposer en même temps le sol à recevoir de nouveaux légumes. La bêche a aussi l'avantage de briser la terre en petites molécules.

Binage.

Ce mot s'applique au travail des champs, de la vigne et du jardinage. Le binage suppose un travail fait précédemment et beaucoup plus considérable que le binage lui-même, puisque celui-ci ne remue que la terre déjà travaillée. La première façon ou labour est pour rompre et ouvrir la terre. Ce travail a lieu, ou d'abord après la récolte, suivant la coutume de certains cantons, ou aussitôt après l'hiver. Dans l'un et dans l'autre cas, on bine six semaines ou deux mois après; mais dans le premier on bine de nouveau dès que les gelées sont passées. Avant de biner la vigne, il faut qu'elle ait été fossoyée; on la fossoie dès que la chaleur vient ranimer la végétation, avant l'épanouissement des bourgeons, et on la bine dans le mois de juin. Quant au jardinage, on bine les laitues, les chicorées et autres plantes potagères, autant que le besoin l'exige, et ce petit travail, fût-il très-souvent renouvelé, n'est jamais perdu.

Semis.

Les semis sont la voie de multiplication la plus naturelle, l'unique pour les plantes annuelles; celle qui procure une multiplication plus abondante, qui fournit des sujets plus vigoureux, de la plus belle venue et de plus longue durée. Elle donne des variétés dont quelques-unes ont des qualités perfectionnées et des propriétés plus éminentes que celles des espèces auxquelles elles doivent leur existence; elle procure, enfin, des races qui s'acclimatent plus aisément au sol et à la température sous laquelle elles sont nées, que les pieds eux-mêmes transportés de leur pays natal. A tous égards, cette voie de multiplication doit être préférée pour la propagation des espèces et pour l'obtention de nouvelles variétés.

Pour accélérer la germination des graines dont l'enveloppe des lobes a une certaine consistance, comme les pois, les haricots, les fèves, etc., on doit les faire tremper dans l'eau ordinairement pendant douze, quinze ou vingt heures. Alors la peau des semences s'amollit, les germes se renflent, et, dans une terre fraîche, la plumule se développe bientôt au dehors en même temps que la radicule s'enfonce en terre ; cette prompte germination assure la réussite des semis, parce que les graines restent moins longtemps exposées à la voracité des insectes, des oiseaux et des musaraignes.

Lorsque les semences ont leur enveloppe très-dure ou qu'elles ont été récoltées sous des climats chauds, telles que différentes espèces de mimosa, de guilandina, de glycines et autres coques dures, on doit les plonger dans de l'eau dont la chaleur peut être portée depuis vingt degrés jusqu'à quarante-cinq, sans inconvénient pour la vitalité des germes ; mais il est bon qu'elles reçoivent cette chaleur graduellement ; elle dilate le tissu des coques, imbibe et fait grossir les germes, et accélère la végétation des semences, qui, mises dans la terre sans cette préparation, pourraient y rester deux et même cinq ans sans lever.

Si l'on craint que des semences, comme, par exemple, celle des céréales, ne soient viciées de carie, on doit les imprégner de sulfate de soude et les passer dans une lessive composée de chaux vive, ainsi que nous l'avons expliqué à l'article *Froment*.

On fêle les parois des graines dont l'enveloppe est épaisse, ligneuse et très-dure, par exemple des noyaux de pêche, de quelques espèces d'abricots, de prunes, d'amandes et autres de cette nature ; mais cette pratique n'est pas sans inconvénient.

Quelques-uns prétendent qu'en stratifiant ces noyaux ils les retrouvent au printemps germés et avec des racines ; ils assurent que c'est le meilleur moyen pour multiplier les pêchers.

La stratification se pratique aussi pour toutes les semences qui perdent promptement leurs propriétés germinatives. Cette opération consiste à placer lit par lit, dans du sable ou avec de la terre, et dans des vases, les graines qu'on veut conserver. La terre ou le sable qu'on emploie dans cette circonstance ne doit être ni trop sec, ni trop humide : trop sec, il absorberait l'humidité des graines ; trop humide, il les ferait pourrir ou en exciterait la germination à une époque peu favorable à la végétation du jeune plant. La stratification s'opère peu de temps après la maturité des semences, et les vases qui les renferment doivent être placés à l'abri de la pluie et des fortes gelées. Au premier printemps, les semences sont tirées des vases et mises en terre.

CHOIX DES TERRES. — Les graines qui prospèrent dans les terres fortes sont plus particulièrement celles des grands arbres, dont les racines ligneuses et fortes sont destinées à nourrir les végétaux élevés, et à les mettre à l'abri des grands vents et des orages. Tels sont, parmi nos arbres indigènes, les chênes, les frênes et les plantes voraces qui aiment les lieux aquatiques.

Les végétaux dont les graines lèvent de préférence dans les terres maigres sont ceux qui craignent l'humidité et qui se plaisent dans les sols secs, légers et chauds, tels que les amandiers, quelques érables, les rosiers, les orangers, etc.

On sème dans les terres de jardin, qui offrent un très-grand nombre de variétés de terrain, mais qu'on ameublit et qu'on amende suivant l'exigence des besoins, les graines de légumes, de salades et de plantes employées à l'ornement des jardins.

Temps des semailles. — *Aussitôt la maturité des graines.* — Beaucoup de semences, dont le germe est accompagné d'un corps corné, perdent leurs propriétés germinatives peu de temps après leur maturité. On remédie à cet inconvénient en semant ou stratifiant ces sortes de graines immédiatement après leur maturité.

A l'automne, on confie à la terre plusieurs graines de plantes vivaces de la famille des ombellifères, des fraxinelles, des rosiers, et les espèces les plus importantes des céréales.

En Février et en Mars. — Après la cessation des fortes gelées, lorsque la terre devient maniable, et dans la saison des pluies, on sème une grande quantité de graines d'arbres de pleine terre. On y répand aussi les semences des prairies naturelles et celles des céréales de printemps.

On sème également les graines de plantes potagères rustiques dont les jeunes plants ne craignent pas les faibles gelées passagères qui surviennent à cette époque.

On place sous des châssis et sur couches les graines de plantes des climats chauds dont on veut obtenir des fruits précoces.

En Avril. — C'est dans ce mois que se fait, dans les départements septentrionaux de la France, la plus grande partie des semis de pleine terre, des céréales de printemps et des prairies artificielles. On sème en pleine terre les graines de toutes les plantes annuelles de climats analogues à la température du nôtre. On sème dans des pots et sur couches les graines des plantes des pays méridionaux. Celles des végétaux des tropiques sont semées sous des châssis ; et, enfin, on met en terre, sous des bâches, les graines de plantes de la zone torride qui sont de nature annuelle.

En Mai. — On sème dans ce mois, en pleine terre, différentes espèces de légumes et de fleurs dont la végétation n'a besoin que d'environ quatre mois pour qu'on en recueille les produits utiles ou agréables ; telles sont les diverses variétés de haricot, de capucine et des autres plantes qui craignent les plus faibles gelées.

Dans toutes les Saisons. — Les plantes qui se sèment en pleine terre presque toute l'année, excepté pendant le temps des gelées, sont quelques espèces de légumes dont on veut jouir dans toutes les saisons, tels que les épinards, les petites raves et des salades.

Différentes manières de semer. — *En pleine terre à la volée.* — Les graines qui se sèment à la volée sont celles des céréales, des fourrages, des plantes textiles, oléagineuses, et enfin de la plupart de celles qui se cultivent en grand dans les campagnes. Dans les jardins, on sème ainsi les carrés de gros légumes, les gazons, etc.

Un semeur intelligent, portant dans un tablier serré autour de ses reins la graine qu'il veut semer, parcourt à pas mesurés le champ qu'il veut ensemencer ; à chaque pas qu'il fait il prend une poignée de graines et la ré-

pand le plus également possible dans une étendue déterminée. Lorsque les semences sont trop fines pour
remplir sa main, il les mêle avec une certaine quantité
de terre sèche, de sable ou de cendre, et les répand
ainsi.

Par planches. — Cette manière de semer ne se distingue de la précédente qu'en ce qu'au lieu de semer
une pièce en entier, on la sème en planches plus ou
moins larges, qui sont séparées par des sentiers. Le
semeur emploie le moyen ci-dessus indiqué.

Dans les jardins potagers, presque tous les semis se
font en planches qui, rarement, passent deux mètres
de large sur une longueur à volonté.

Par rayons. — Le semis par rayons est très-usité
dans les campagnes pour les pois, les lentilles, les gesses,
et même quelques céréales qu'on établit sur les ados
des fossés de vignes et autres cultures. On le pratique
communément dans les jardins pour les légumes dont
on borde les carrés et les planches. Dans les pépinières,
il est fort en usage pour les semis de graines d'arbres.

Il consiste à tracer sur un terrain nouvellement
labouré un sillon plus ou moins large et plus ou moins
profond, suivant la nature des végétaux; puis à y répandre les graines le plus également qu'il est possible,
et à les recouvrir de terre fine, de l'épaisseur qui convient à leur nature. On affermit ensuite la terre du
fond du sillon avec le dos d'un râteau, et on la recouvre de terreau de feuilles ou d'autres engrais, suivant l'exigence des cas.

Seule à seule. — On sème seule à seule, par lignes,

à des distances déterminées, les grosses graines, telle que celles des chênes, des châtaigniers, des noyers, des marronniers d'Inde, des amandiers, des pêchers, des abricotiers et autres de cette nature, qui ont été stratifiées dans le sable à l'automne, et qui sont en état de germination ou sur le point d'y entrer. Lorsqu'on se propose de laisser croître à demeure les arbres qui doivent provenir de ces semis, on plante les graines germées avec leur radicule entière ; les arbres en deviennent plus grands, plus beaux, et ils sont moins exposés à être déracinés par les vents. Mais lorsqu'on destine ces jeunes arbres à être transplantés, il est convenable de couper, avec l'ongle, l'extrémité de la radicule ; alors le pivot de la racine, au lieu de descendre perpendiculairement, se divise en plusieurs racines qui s'étendent à rez-terre. Cette opération rend la reprise des sujets transplantés plus assurée.

Dans des vases, en caisses. — Cette espèce de semis ne s'emploie guère que pour des graines délicates, dont le jeune plant a besoin d'être surveillé et placé à différentes expositions dans diverses saisons, ou rentré dans une serre pendant l'hiver.

On établit dans le fond de la caisse qu'on se propose de semer, un lit de menus plâtras d'environ 6 centimètres d'épaisseur ; on couvre ce premier lit d'à peu près deux doigts de terre franche qu'on affermit avec le poing. On remplit le reste de la capacité de la caisse, jusqu'à 3 centimètres de son bord supérieur, de terre préparée et convenable au végétal qu'on se propose d'y introduire ; puis on y répand la graine.

La caisse ainsi semée est placée à l'exposition qui convient à la germination des graines, à l'automne, elle est couverte de litière, placée au midi, ou rentrée dans l'orangerie, suivant la délicatesse et l'état du jeune plant.

En terrines. — Les semis en terrines ont plus particulièrement pour objet, dans les potagers, les légumes de primeur, tels que différentes variétés de choux-fleurs, de brocolis, de fraisiers des Alpes, etc. On les sème à l'automne ou au premier printemps, et on les place soit dans des côtières bien exposés au midi, dans une serre froide, ou sous des châssis.

En pots. — Les semis en pots conviennent à de petites quantités de graines de plantes des climats étrangers et d'une température plus chaude que celle du pays dans lequel on les fait.

Semis sur Couches et sur Ados.

Sur couche sourde. — La couche sourde s'établit dans une fosse de 1 mètre de profondeur, de 1 mètre 66 centimètres de largeur, et d'une longueur déterminée par le besoin. On la construit de toutes sortes de matières fermentescibles, telles que des tontures de buis, d'if, du marc de raisin, de pomme, d'olive, et de diverses sortes de fumier; ou tout simplement de balayures de chantiers de bois, ou de rues. Il convient de mélanger les substances de manière à ce que cette couche ne produise qu'une faible chaleur, mais durable.

On la recouvre d'environ 20 centimètres de terreau de couche, qui s'élève au-dessus du niveau du terrain.

C'est dans ce lit de terreau qu'on introduit les pots de semis nouvellement faits : on les y place bien horizontalement, les uns à côté des autres, et l'on remplit très-exactement avec du terreau les intervalles qui se trouvent entre eux.

Sur couche chaude. — La couche chaude se distingue de la précédente en ce qu'elle est construite avec du fumier lourd et de la litière, et qu'elle est établie sur la surface du sol et non en terre.

On donne plus ordinairement à cette sorte de couche 1 mètre 66 centimètres de largeur, 1 mètre 17 centimètres de hauteur, sur une longueur à volonté. Ses bords sont formés avec des bourrelets de fumier moëlleux, mêlé avec les deux tiers environ de litière triturée. La partie du milieu est formée, lit par lit, de ces mêmes substances, auxquelles on ajoute du fumier à demi consommé. Chaque lit qu'on établit, et auquel on donne 25 centimètres d'épaisseur, doit être affermi par un piétinement répété à chaque couche que l'on forme. Lorsque la couche est arrivée à la hauteur convenable, on la règle, c'est-à-dire qu'après l'avoir foulée aux pieds à plusieurs reprises dans toute son étendue, on remplit avec du fumier lourd les endroits bas qui s'y trouvent. Si le fumier qu'on a employé dans la fabrication de la couche n'était pas assez humide pour entrer prochainement en fermentation, ou qu'on eût besoin d'une plus vive chaleur que celle qu'on peut espérer du fumier, on l'arroserait abondamment : un seau d'eau par 33 centimètres carrés versé à la surface suffit à peine pour imbiber la masse de la couche. Après qu'elle a ainsi été arrosée, on la laisse reposer douze ou quinze heures ; alors elle entre en fermentation et fournit une chaleur très-vive, dont le centre du foyer se trouve dans le milieu de toute sa longueur ; on marche encore sur la couche qui s'affaisse sensiblement ; on l'égalise de nouveau avec du fumier lourd dans les endroits qui ont besoin d'être rehaussés, et on la tient un peu bombée dans son milieu.

Cette opération faite, on terreaute la couche, c'est-à-dire qu'on couvre de terreau toute sa surface ; on en met environ 17 centimètres d'épaisseur, et on la garnit sur-le-champ du semis dont elle doit protéger et activer la germination.

Mais une précaution néccessaire et même indispensable, est d'arroser souvent, et en forme de pluie fine, les pots des semis nouvellement plantés sur couche ; de les tenir dans une humidité constante, et cela jusqu'à l'époque où les germes soient sortis de la terre : alors on modère les arrosements, et on ne les administre que lorsque les plantes l'exigent.

On emploie avec succès, dans notre climat, la chaleur des couches chaudes pour faire lever les graines des végétaux qui croissent naturellement sur la côte de Barbarie et dans les îles de l'Archipel.

Sous châssis. — Les châssis propres à la culture des semis de plantes étrangères sont posés sur des couches semblables à celles que nous venons de décrire ci-dessus ; il existe seulement quelques différences dans leurs dimensions. Les caisses des châssis n'ont ordinairement que 1 mètre 33 cent. de large sur 6 mètres

de long. On donne aux couches qui doivent les supporter 17 centimètres de plus sur leur largeur et sur leur
longueur; on borde celles-ci en gros bourrelets de
paille, et on les termine par un autre bourrelet isolé,
d'environ 11 centimètres de haut, que l'on place à l'endroit où doit être posée la caisse du châssis. Le derrière de la caisse étant plus élevé, par conséquent plus
lourd, et devant faire tasser la couche davantage, le
bourrelet qu'on place dessous doit être plus élevé de
6 centimètres que celui qui porte le devant. D'ailleurs,
le reste de la couche est construit avec la même nature
de fumier, pratiquée, piétinée, arrosée et terreautée de
la même manière que celles dont nous avons précédemment parlé.

Lorsque la couche est faite et réglée, on place dessus
la caisse du châssis, et l'on plante dans le terreau qui
la recouvre les pots des semis qu'elle doit recevoir. Les
panneaux de vitres ne se placent sur la caisse que cinq
ou six jours après que la plantation a été faite sur la
couche, pour laisser passer le premier coup de feu, qui,
dans une atmosphère circonscrite et abritée du contact
de l'air ambiant, pourrait échauder les graines et en
détruire les germes.

Après quinze jours de construction, lorsque la chaleur de la couche commence à faiblir, on la ravive au
moyen de réchauds qu'on pratique tout autour; ces
réchauds se font avec du fumier moëlleux mêlé avec de
la litière, et disposé en forme de contre-mur le long
des parois extérieures de l'ancienne couche et dans
toute sa circonférence. On en rabaisse les bords supé-

rieurs au niveau du châssis ; et, après l'avoir bien affermi et arrosé, on le couvre de quelques centimètres
de terreau pour concentrer davantage le calorique. La
chaleur humide du réchaud pénètre promptement l'é-
paisseur de l'ancienne couche, y rétablit la fermentation, et en développe une nouvelle chaleur. Vient-elle à
s'abaisser au-dessous du degré convenable, on renou-
velle les réchauds autant de fois qu'il en est besoin
pendant le temps où les semis doivent rester sous le
châssis.

On sème dans des pots, sur une couche chaude et
sous châssis, les graines des plantes annuelles dont on
veut accélérer la végétation, à l'effet de jouir plus tôt
de leurs produits soit utiles ou agréables.

Dans les jardins potagers, on fait lever sous châssis
les graines de laitues, de petites raves, de pois, de haricots, dont on veut des fruits précoces.

D'après ce qui vient d'être dit, il est aisé de sentir :
1° que la couche de terre dans laquelle se font les semis
doit être abondante en parties nutritives ; 2° qu'elle doit
avoir peu d'épaisseur, être meuble et légère, pour que
les pulpes des semences puissent aisément la traverser
lors de leur développement.

Sur ados. — L'ados est une élévation de terre en
forme de dos de bahut, plus large du bas que du haut.
C'est aussi tout endroit qui n'est exposé ni aux mauvais
vents ni aux gelées, et qui se trouve adossé contre un
mur ou contre un bâtiment ayant le soleil en face.

Au lieu d'élever son ados de 11 à 17 centimètres de
hauteur, suivant certaine coutume, il faut l'exhausser

de 33 et même de 42 centimètres par derrière, venant en mourant par devant. Au moyen de cette pente rapide, deux effets ont lieu : le premier, de faire jouir l'ados ainsi disposé, pendant l'hiver, lorsque le soleil est bas, des rayons de cet astre, qu'il reçoit presque perpendiculairement pendant une partie de la journée ; le second est que cet ados n'a jamais, lors des gelées et des frimats, aucune humidité nuisible, puisque toutes les eaux s'écoulent nécessairement.

Cette sorte d'ados se pratique, à l'exposition surtout du midi, le long d'une plate-bande ; souvent on a un espalier à ménager, et voici, pour cet effet, comment on s'y prend : On laisse entre le mur et l'ados 50 centimètres de sentier ; cet espace suffit pour aller travailler les arbres. Il faut, avant de semer, laisser la terre se plomber pendant quelques jours.

Au lieu de faire en long les rigoles pour semer, il faut les pratiquer en travers, du haut en bas de l'ados, puis semer ; après quoi il faut les garnir de terreau et les remplir de terre menue.

Lorsqu'il arrive des gelées fortes, des neiges, etc., il faut couvrir avec grande litière et paillassons par-dessus, qu'on ôte et qu'on remet suivant le besoin.

Ces ados, pratiqués de la sorte, doivent être faits dans les derniers jours d'octobre, et semés au commencement de novembre ; on peut, par ce moyen, avoir des pois et des fraises quinze jours ou trois semaines plus tôt que les autres.

CHAPITRE VII.

Repiquage, Arrosage, Sarclage. — Usage des Brise-Vents, Paillassons, Châssis et Cloches.

Repiquage.

On donne le nom de repiquage à l'opération de planter le jeune plant venu de semences de végétaux herbacés. Cette opération a surtout pour objet de favoriser la croissance de jeunes semis levés touffus.

Tous les semis de plantes annuelles ne sont pas également propres à être repiqués. Il en est qu'il est plus avantageux de laisser croître et fructifier à la place où ils sont nés, tels que ceux des plantes à racines pivotantes et sans chevelu latéral, comme les carottes, les panais, les pieds-d'alouettes, les pavots, etc. Il en est d'autres qu'il importe de repiquer très-jeunes, lorsqu'ils ont pris leur troisième ou quatrième feuille, tels que les laitues, les melons, les giroflées, etc. On procède au repiquage de la manière suivante :

Sur un terrain labouré depuis quelques jours, et dont la terre a été plombée par une pluie ou un arrosement copieux, on trace des lignes à l'aide d'un cordeau dans toute l'étendue de la planche ou du carré qu'on se propose de planter. Ces lignes doivent être plus ou moins rapprochées, en raison du but qu'on se propose dans la plantation, et aussi suivant les dimensions des végétaux. Pour les diverses espèces de laitues, de chicorées, de romaines, etc., il convient d'éloigner les lignes les unes des autres d'environ seize à dix-huit centimètres.

S'il est question de repiquer les plants de grands végétaux, comme des choux-pommés, des choux-fleurs, des cardons d'Espagne et autres de cette dimension, il convient de tirer les lignes à un mètre de distance les unes des autres. Le terrain ainsi disposé et tracé, on prend dans le semis le jeune plant destiné à être repiqué. Le plus sain et le plus vigoureux est le meilleur, et doit être choisi de préférence. On le lève avec toutes ses racines, et, pour cet effet, on choisit un temps favorable, où la terre ne soit ni trop sèche ni trop humide, et où elle laisse aisément enlever les racines.

Ces racines, ordinairement grêles et sans consistance, ne peuvent rester de toute leur longueur ; elles se ramasseraient en paquets ou se courberaient sur elles-mêmes, lors du repiquage ; il convient donc de les rogner. Pour les plantes rustiques, cette opération est peu dangereuse ; elle consiste à prendre le plant à poignée et à en couper la racine à deux, quatre, six et jusqu'à seize centimètres du collet de la tige, suivant la nature du végétal et l'étendue de l'objet qu'on veut diminuer.

Cette opération n'est pas aussi dangereuse qu'on le croit au premier coup-d'œil, elle est même utile pour les plantes herbacées annuelles ; toutes ces racines coupées en poussent une grande quantité d'autres, qui, se répandant à la surface de la terre, augmentent considérablement les bouches nourricières des végétaux, et leur portent un accroissement de sucs qui tourne au profit de leur volume, de la beauté de leurs fleurs ou de la qualité de leurs produits.

Autant que possible, il faut choisir un temps couvert, chaud et humide, pour lever le jeune plant de son semis, n'en arracher que ce qu'on peut en planter dans un tiers de jour, le tenir à l'ombre et à l'abri du contact de l'air jusqu'au moment de le planter, et, lorsqu'on procède à la plantation, il ne faut pas discontinuer jusqu'à ce qu'elle soit effectuée.

Cette plantation consiste à faire des trous avec un plantoir sur les lignes tracées précédemment et à des distances déterminées par l'espace que doit occuper la plante dans son état parfait. On place au fur et à mesure qu'ils sont faits, dans chacun de ces trous, le jeune plant, qu'on enterre aussitôt avec le même plantoir.

Immédiatement après la plantation, on arrose copieusement, avec l'arrosoir à pomme, toute la surface de la planche nouvellement plantée ; cette opération se répète, matin et soir, dans les huit ou dix premiers jours qui suivent le repiquage, après quoi, le jeune plant étant repris, on ne l'arrose que lorsqu'il en a besoin. S'il survenait des coups de soleil susceptibles de brûler la jeune plantation, il conviendrait alors de la recouvrir d'un très-léger lit de paille, ou, mieux encore, de paillassons à claire-voie, soutenus par des fourchettes.

Le repiquage des plantes herbacées annuelles se fait

pendant presque toute l'année dans les jardins potagers et fleuristes. Il n'y a que le temps des gelées, celui des pluies trop abondantes, et la trop grande sécheresse, qui rendent cette opération impraticable.

Arrosage.

De la manière d'arroser. — Le jardinier, portant deux arrosoirs garnis de leurs pommelles, marchera rapidement dans le sentier qui borde ses planches, en répandant de l'eau sur celles-ci. La pommelle de l'arrosoir sera bombée et parsemée de trous très-petits, afin que les filets liquides auxquels ils donneront passage aient peu de volume, et les trous seront espacés de quatorze à quinze millimètres; s'ils étaient plus rapprochés, les filets se réuniraient dans leur chute et battraient la terre.

On vient de dire que la marche du jardinier, lors du premier arrosement, devait être précipitée; c'est afin de donner très-peu d'eau en commençant : il faut que la terre ait eu le temps de s'imbiber avant de recevoir un second arrosement, surtout si elle est sèche. Sans cette précaution, l'eau ruissellerait de la planche dans le sentier, ou se rassemblerait dans les petites cavités, qu'elle rendrait encore plus profondes en y resserrant la terre.

Un quart-d'heure après cet arrosement, on donne le second; la marche du jardinier est plus lente, plus posée, et il a soin d'arroser également partout. Il en sera ainsi du troisième et du quatrième, si le besoin l'exige.

Comme le jardinier a communément plusieurs planches à arroser, il passera sur une seconde et même sur une troisième avant de recommencer sur la première. Le temps employé à l'arrosement de ces planches et celui qui sera nécessaire pour aller remplir les vases, permettront à la terre de bien absorber la première eau. Il en sera ainsi pour les arrosements suivants.

Quand faut-il arroser? — Ayez égard aux saisons : en hiver, si l'on arrose sur le soir, il est à craindre que le vent ne change dans la nuit, et n'amène la gelée ; alors l'arrosement est nuisible. Une autre raison fait proscrire les arrosements du soir en hiver, c'est la longueur et la fraicheur de la nuit ; mais à mesure que le soleil s'élève, que ses rayons prennent plus de perpendicularité, et par conséquent plus de force, c'est le cas de commencer à arroser dans la soirée, et le moment le plus favorable est celui où le soleil se couche. En cela vous imiterez l'ordre de la nature, puisque ce moment est celui où la rosée commence à tomber. Si, pendant l'été, on arrose dans la matinée, le soleil aura bientôt absorbé l'humidité répandue sur la surface de la terre, et elle n'aura même pas le temps de pénétrer jusqu'aux racines des plantes, pour peu qu'elles soient profondes. La terre se durcira, formera une croûte, se gercera, et même par ces gerçures, le peu d'humidité renfermée dans la terre s'évaporera. Si l'on arrose vers midi, outre les inconvénients dont on vient de parler, il est à craindre que le soleil ne brûle les feuilles, car la moindre goutte d'eau réunie en globule fait l'office d'une loupe ; elle rassemble les rayons, et, au point du foyer, la partie de la plante qui y correspond est sur-le-champ cal-

cinée. Lorsque les globules sont très-multipliés, le dessèchement subit d'un grand nombre de feuilles a lieu
de cette manière.

En hiver, au contraire, il faut arroser lorsque le soleil a dissipé la fraîcheur de la surface de la terre; les
rayons qu'il nous envoie alors obliquement n'ont pas la
même activité qu'en été; l'humidité sera très-peu évaporée; et par une chaleur douce, elle aidera la fermentation des sucs, leur dilatation, enfin leur ascension
dans les plantes.

L'eau pour l'arrosement doit être d'une température
égale à celle du terrain qu'on veut arroser, à quelque
heure que ce soit de la journée. Je ne parle pas de
l'hiver lorsqu'il gèle, puisqu'on n'arrose pas alors. Pour
cet effet, tirez le soir l'eau qui doit servir pour le lendemain matin : elle se mettra pendant la nuit à la température de l'atmosphère; tirez le matin celle dont vous
vous servirez quelques heures après, et à trois heures
de l'après-midi, celle que vous destinez pour l'arrosement du soir au soleil couchant. Ce genre d'arrosement
suppose dans le jardin un ou plusieurs réservoirs dé-
couverts afin d'accélérer le travail; si le jardin en est
dépourvu, un maître vigilant doit en faire construire
sans délai.

Sarclage.

Sarcler, c'est enlever d'un champ, d'une vigne, d'un
pré, d'un jardin, etc., les herbes parasites.

On croit économiser, en ne faisant pas sarcler les
blés au commencement du printemps, tandis que l'on

perd réellement et sur la quantité de la récolte et sur la qualité du grain. L'herbe seule que l'on arrache à cette époque où le fourrage vert est encore rare, dédommage amplement des frais, si on la fait consommer surtout par des vaches.

Dans un jardin potager, les mauvaises herbes déshonorent le jardinier, et je ne prendrais jamais à mon service un homme qui, sous quelque prétexte que ce soit, laisse croître les plantes parasites. Les excuses ne manquent jamais; aucun raisonnement ne peut justifier cette négligence.

Brise-vents.

C'est un rempart de paille ou de roseaux, que l'on fait pour mettre des plantes ou des couches à l'abri des vents. Les brise-vents sont placés perpendiculairement, et maintenus tels par le secours de piquets fichés en terre; ils ont communément d'un mètre à un mètre soixante-six centimètres de hauteur, et une longueur proportionnée au terrain que l'on veut abriter.

Paillassons.

Les paillassons sont des assemblages de brins de paille entrelacés de ficelles, ayant quelques centimètres d'épaisseur, une hauteur et une largeur déterminées par le besoin.

Quelques plantes délicates périraient l'hiver, si l'on n'avait pas soin de les couvrir soit par une certaine épaisseur de litière ou de feuilles sèches, soit par des paillassons. Tous ces abris, surtout ceux des plantes qui, conservant leurs feuilles, ne veulent pas être privées trop longtemps de la lumière, doivent s'enlever chaque fois qu'il ne gèle pas ou que le froid n'est pas trop fort, pour être remis le soir, et même pendant le jour lorsque la prudence l'exige.

Celui qui veut récolter ses fruits doit se précautionner contre les gelées tardives du printemps ; c'est pour cette raison qu'à Montreuil et dans tous les jardins fruitiers bien tenus, on voit les chaperons des murs d'espaliers disposés pour qu'on puisse y mettre des planches ou des paillassons maintenus solidement devant les arbres, de manière à ne pas froisser ou faire tomber les fleurs.

Il est certaines plantes auxquelles il convient de n'avoir le soleil que le matin ou seulement pendant quelques heures de la journée. Lors donc que l'on n'a ni palissades ni murs, ou qu'ils ne sont pas dans la direction nécessaire, on y supplée par des paillassons maintenus droits au moyen de pieux auxquels on les attache avec des liens d'osier.

Celui qui manque de toile doit aussi, pendant l'été, jeter des paillassons légers sur les vitraux des châssis et des serres lorsque le soleil y darde trop fort ; les paillassons sont de nécessité rigoureuse pour couvrir tous ces objets durant les nuits d'hiver, et même quelquefois pendant le jour si le froid est trop intense. Pour ne pas s'exposer à des pertes considérables, on doit se hâter de jeter des paillassons sur tout ce qui est vitrage, lorsqu'on est menacé de grêle.

Châssis.

Châssis se dit, en général, d'un bâti de bois peint à

l'huile, et garni de panneaux vitrés ; ceux qui désirent ne pas en renouveler souvent la construction font les panneaux en fer. Après ce métal, le bois de chêne est à préférer ; celui de châtaignier vient ensuite. On doit choisir du bois parfaitement sec, sans quoi la chaleur humide des couches, unie à l'action du soleil, le fait tourmenter et déjeter ; alors les verres, n'en pouvant suivre les différentes courbures, se fendent et éclatent. Le châtaignier une fois bien sec n'a pas le défaut de déjeter.

DE LA MANIÈRE DE CONSTRUIRE LES CHASSIS. — Les châssis sont composés de la caisse et des panneaux à vitres.

De la caisse. — La longueur en est indéterminée et doit être proportionnée aux besoins ; il n'en est pas de même de la largeur : le jardinier, placé devant la caisse, doit toucher facilement avec la main le côté opposé. Ainsi, la largeur sera de 1 mètre 33 cent. au plus ; la hauteur, de 1 mètre à un mètre 33 cent. sur le devant, et de 1 mètre 80 cent. sur le derrière.

Tous les bois qui concourent à former la caisse doivent avoir au moins 6 centimètres d'épaisseur ; chaque planche doit être emboîtée à rainures sur toute sa longueur, et à queue d'aronde dans ses extrémités. Ces précautions sont de rigueur, parce que la chaleur et l'humidité font singulièrement travailler le bois. Les personnes prudentes garnissent aussi les angles avec des bandes de fer fortement clouées.

Des panneaux à vitres. — On multiplie les panneaux à vitres suivant la longueur de la caisse. Ces panneaux ou châssis ne doivent pas avoir plus de 1 mètre 17 centimètres de largeur; à 1 mètre 33 centimètres ils commencent à être embarrassants et lourds à soulever.

Si chaque carreau de vitre avait son cadre en bois, comme dans les châssis de nos fenêtres, l'eau des pluies s'écoulerait difficilement et pénétrerait dans la couche. Pour éviter cet inconvénient, les liteaux qui soutiennent les vitres sont placés sur la longueur du châssis, du haut en bas : garnis d'une rainure, ils reçoivent la vitre et la supportent, de manière que l'extrémité inférieure de chaque vitre soit placée en recouvrement sur la vitre qui vient après, de la même façon que les ardoises ou les tuiles plates sont placées sur nos toits.

Il y a deux manières de retenir et de fixer ces vitres : la première consiste à enfoncer des pointes dans le bois du cadre à chaque bout de la vitre, et de remplir la rainure avec du mastic de vitrier. Ce mastic est composé avec du blanc de céruse passé au tamis de soie, et pétri avec de l'huile de lin, de noix ou de navette, qui doit auparavant avoir été cuite et rendue plus siccative par un nouet de litharge suspendu au milieu pendant la cuisson. Il ne faut pas oublier de garnir de mastic les deux endroits où se terminent les carreaux de vitre placés en recouvrement.

Il faut soulever les châssis de bas en haut; dans la partie inférieure est une manette, et dans la région supérieure se trouvent des ferrures à charnières qui facilitent le haussement ou l'abaissement.

Plusieurs personnes ne mettent point de panneaux

sur les côtés, et continuent le massif de la caisse jusqu'en haut pour soutenir les châssis. Cependant l'expérience m'en a prouvé l'utilité.

On est dans la mauvaise habitude de placer ces caisses contre les murs ; il faut moins de bois, il est vrai, mais on ne fait pas attention que la pierre est un très-bon conducteur de la chaleur, et par conséquent, que celle que le mur absorbe est une fâcheuse perte. Ceux qui entendent mieux leurs intérêts plafonnent avec des planches le fond de la couche, parce que le bois est moins conducteur de la chaleur que la pierre.

Le Hollandais, toujours économe, simplifie autant qu'il le peut les objets. Le climat qu'il habite l'oblige de recourir aux châssis pour les semis de tabac. Au lieu de vitres, il se sert de papier collé sur le cadre ; mais, comme ce papier serait détrempé et ensuite dissous par la pluie, il a soin de l'imbiber de graisse, et l'eau coule sans l'endommager. Voici son procédé : le papier étant collé sur son cadre, il le présente sur un réchaud garni de charbons allumés ; lorsque le papier est bien chaud, sans être roux, il passe légèrement dessus du saindoux, et la chaleur du papier le fait fondre ; il enduit ainsi tous les carreaux. Cette opération rend le papier plus diaphane, et la clarté sous le châssis est plus douce que celle qui est produite par la vitre.

Les châssis en plan incliné, tels qu'on vient de les décrire, ont pendant longtemps été regardés comme les meilleurs ; mais on en a fait d'une nouvelle forme, qui méritent la préférence. En comparant ces nouveaux châssis aux anciens, on en reconnaît aisément la supériorité, qui tient seulement à la courbure du vitrage. Avec les châssis en plan incliné, les rayons du soleil, depuis son lever jusqu'à son coucher, ne tombent perpendiculairement sur le verre tout au plus que pendant quelques minutes; au lieu que sur les nouveaux châssis, qui sont cintrés, les rayons sont presque toujours perpendiculaires depuis neuf heures du matin jusqu'à trois heures de l'après-midi. On n'ignore pas que c'est à cette perpendicularité des rayons qu'est due la chaleur; en hiver, le soleil est plus près de nous qu'en été, mais en hiver ses rayons sont plus obliques : voilà pourquoi ils sont si peu chauds.

Tous les châssis quelconques tiennent plus au luxe qu'aux besoins, excepté les châssis à papier des Hollandais, que nos jardiniers ordinaires devraient adopter; ils leur serviraient à semer les plantes printanières et à mettre celles-ci à l'abri des rosées froides ou des gelées tardives des mois de mars et d'avril.

Cloche.

C'est un vase de verre qui a la forme d'une cloche d'église; son sommet est garni d'un bouton, pour la soulever. Les jardiniers se servent de cet objet afin de couvrir les melons et autres plantes, tant pour les garantir du froid que pour les faire croître plus promptement.

Les meilleures cloches et les plus solides sont celles qui sont faites d'une seule pièce. On en construit avec de petits carreaux de verre maintenus par des plombs, et elles sont à pans coupés. L'entretien de celles-ci est très-dispendieux.

La cloche de verre noir, ou verre de bouteille, est celle qui communique le plus de chaleur aux plantes, par rapport à sa couleur, qui absorbe mieux les rayons du soleil. Celle de verre blanc les réfléchit davantage, elle est par conséquent moins chaude; mais les plantes qui en sont recouvertes sont plus vertes que si le verre était noir, parce qu'elles reçoivent plus de lumière.

Suivant le degré de chaleur de la saison, la cloche doit être plus ou moins entre-bâillée sur le sol, au moyen d'un crochet qui a différentes échancrures destinées à l'élever ou à l'abaisser.

CHAPITRE VIII.

Destruction des Animaux nuisibles.

Taupe. — La taupe est un quadrupède trop connu pour le décrire; il se nourrit de vers, d'insectes et de racines de certaines plantes, et, en particulier, d'oignons de colchique. Il est très-facile de détruire les taupes, si on les poursuit avec persévérance.

Le premier soin est d'affaisser tous les monticules frais qui s'élèvent au-dessus du niveau du sol. L'animal les rétablira à trois époques bien marquées, au soleil levant, à midi, et vers le soleil couchant. On examine de quel côté il pousse la terre dehors, et l'on enfonce profondément et avec prestesse , du côté opposé à celui où est jetée la terre , une bêche ou une pelle de fer ; enfin, avec la même rapidité on enlève toute la terre, la taupe s'y trouve prise, et on la tue.

Pour détruire cet animal, on se sert aussi d'un instrument appelé taupière ; c'est un morceau de bois creusé qui a une soupape. On empoisonne les taupes en trempant des vers de terre dans de l'eau bouillante, puis on les roule dans la noix vomique réduite en poudre, et l'on dépose ces vers dans la galerie nouvelle des taupes.

Taupe-grillon, *courtilière* ou *courterole*. — La véritable dénomination est la première. On a nommé cet insecte taupe, parce qu'il vit sous terre comme la taupe, et parce que, comme elle, il y creuse des galeries ; et grillon, parce qu'il est de la famille de ces insectes. Il fait le même bruit que le grillon de nos champs, mais moins fort.

Le point le plus important est de trouver les moyens de détruire promptement cet insecte, qui fait successivement périr toutes les plantes d'une couche et celles de plusieurs planches d'un jardin. J'ai suivi à plus de vingt mètres de distance une galerie creusée par une seule courtilière ; cette galerie souterraine était coupée et recoupée par plusieurs autres. On doit juger , par cet exemple, du dégât que peut causer une nichée qui contient depuis cent jusqu'à quatre cents œufs.

Un moyen très-simple et qui seul m'a servi à détruire

complètement les taupes-grillons dans un jardin qui en était infesté, consiste à placer un monceau de fumier de litière à la tête de chaque petit chemin tracé entre deux planches de jardinage. On le piétine, et on le laisse pendant cinq ou six jours ainsi amoncelé. Au septième jour, et avant le lever du soleil, le jardinier, armé d'une fourche à trois dents, vient doucement vers le monceau, et, d'un seul coup, il le soulève et l'éparpille ; il voit alors les courtilières et il les tue. Il ne faut pas déranger l'ouverture des galeries qui correspondent au fumier. Après l'opération, le jardinier amoncèle à la même place le même fumier ; s'il est trop sec, il l'arrose un peu et le piétine. Le lendemain, ou le surlendemain au plus tard, il recommence sa chasse de la même manière que la première fois, et ainsi de suite pendant toute la saison. Qu'il ne se dégoûte pas, si parfois elle est infructueuse ; en renouvelant de temps à autre le fumier, son odeur attirera de loin les insectes. Si dans ces monceaux de fumier, multipliés suivant le besoin, il trouve un dépôt d'œufs, la totalité du fumier et de la terre voisine doit être enlevée avec le plus grand soin et portée sur-le-champ dans le feu, afin de détruire d'un seul coup tous les œufs ; sans cette précaution, un grand nombre échappera à ses recherches.

Autre moyen : On fait dissoudre dans un litre d'eau 50 grammes de *savon* ordinaire. La dissolution terminée, on la met dans une bouteille. On se rend sur le terrain labouré par cet insecte et avec le doigt on suit le sillon qu'il y a tracé jusqu'à l'endroit où il s'enfouit dans la terre,

On verse dans ce trou une cuillerée du liquide, et deux minutes après, la taupe-grillon remontant à la surface du terrain, va tomber asphyxiée à 20 ou 30 centimètres du trou.

Ce procédé est simple, facile dans son exécution et peu coûteux. Par un temps sec, on arrose le soir avec cette dissolution, qui ne préjudicie en rien aux plantes, et la taupe-grillon périt entre deux terres. Il suffit de 2 kilos de savon pour détruire cet insecte sur une étendue d'un hectare de terre.

L'auteur de la découverte a essayé de l'*huile de graine de lin*, qui produit le même effet sur la taupe-grillon, mais il trouve que ce procédé est bien plus coûteux que le sien, qu'il est moins prompt et que les effets en sont rarement visibles.

Rats, souris, loirs, campagnols. — Les meilleurs moyens connus pour détruire ces animaux sont :

1° D'enterrer rez-terre des pots renfermant de l'eau dont la surface est recouverte de balles de grain ou d'une bascule au bout de laquelle se trouve un appât ;

2° De propager les animaux qui font la guerre aux souris, tels que les chats, les hérissons et les chats-huants.

Les habitants des campagnes qui détruisent les oiseaux nocturnes, chouettes, hiboux, etc., et les oiseaux diurnes qui vivent exclusivement d'insectes, comme les mésanges et les huppes, comprennent bien mal leurs intérêts.

On peut considérer comme très-utiles à l'agriculture la chouette, le hibou, la huppe et la mésange ; ces oiseaux détruisent une quantité considérable de rats, souris, taupes, mulots, chenilles, etc.

On a trouvé dans la retraite d'un couple de chats-huants, 15 litres et demi d'os de rats, de souris, de taupes et de mulots, que ces oiseaux y avaient accumulés dans l'espace d'une année. Ce qui prouve incontestablement qu'ils sont les plus terribles ennemis des rongeurs, qui ne vivent uniquement qu'aux dépens des récoltes.

Une autre expérience faite sur une nichée de mésanges, a donné pour résultat la destruction, par cette petite famille, de 45,000 chenilles en vingt et un jours, temps qu'il faut au père et à la mère pour élever leurs petits. Ces oiseaux inoffensifs font leur nourriture habituelle de chenilles, et ont l'avantage de peupler d'une manière prodigieuse; ils pondent de dix à seize œufs et font deux et jusqu'à trois couvées par an.

Détruire des nids de chouettes, de chats-huants, de huppes, de mésanges, c'est vouloir propager la race des animaux et des insectes nuisibles et malfaisants.

Un nid de chats-huants, dans une maison de cultivateur, vaut mieux que dix chats. Un nid de mésanges vaut mieux que dix échenilleurs. Dans l'intérêt de l'agriculture et du commerce, je ne saurais trop recommander de veiller avec sollicitude à la conservation de ces oiseaux. Que ceux qui tiennent absolument à détruire s'en prennent aux moineaux ; ceux-là sont véritablement nuisibles à l'agriculture.

Un seul de ces oiseaux, pendant une année, équivaut à la perte d'un décalitre de froment, sans compter toutes les autres graines qu'il dévore ou gaspille. Nos voisins d'outre-Manche sont tellement convaincus de cette vérité, que chez eux la tête des moineaux est mise à prix.

Pour tuer les campagnols dans les prairies, il faut employer l'irrigation, lorsqu'il est possible de l'appliquer.

Les *pucerons*, *puces de terre*, *altisses* ou *tiquets*, sont principalement nuisibles au colza, à la navette, au lin et aux choux ; dans ces cultures, ces insectes font quelquefois des dégâts terribles, et les moyens connus jusqu'ici ne réussissent pas toujours pour s'en garantir. Ceux de ces moyens qui méritent de fixer l'attention consistent à répandre sur les jeunes plantes, le matin de bonne heure et pendant la rosée, de la chaux vive, du plâtre, des cendres de bois et de tourbe, de la poussière de houille, de la suie, de la poudre de brique, etc. Pour le colza, on a essayé avec succès de faire une seconde sémination trois à cinq jours après la première. On sait que les pucerons recherchent toujours les plantes les plus tendres et les plus jeunes ; en procédant de cette manière, ils s'emparent des plantules de la seconde sémination, et, pendant ce temps, celles de la première se trouvent ménagées et prennent de la force. On préserve les récoltes des pucerons, en semant de bonne heure au printemps, et surtout en cultivant les plantes dans les terres riches, bien préparées, bien façonnées par les labours, les hersages, etc., de manière que les plantes se développent rapidement et avec vigueur, pour se soustraire le plus tôt possible à la rapacité de ces insectes.

Les *hannetons* et leurs *larves*, vulgairement appelés *vers blancs* ou *asticots*, sont extrêmement nuisibles à l'agriculture.

Les moyens suivants peuvent servir à les détruire :

1° Secouer les arbres où se trouvent les hannetons, surtout le matin, les rassembler, et les tuer avec de l'eau bouillante ;

2° Abandonner aux porcs, pendant quelque temps, les terres remplies de vers blancs.

Si l'on craint qu'il n'y ait des vers blancs dans un carré où l'on a mis des plantes que l'on veut préserver des ravages de ces insectes, on y repique quelques pieds de fraisier ou de laitue, parce que les vers blancs attaquent de préférence ces végétaux ; on examine de temps en temps l'état des plantes que nous venons de nommer ; on cherche au pied de celles qui se fanent, on y trouve le ver et on le détruit.

Chenilles. — Le plus sûr moyen de les détruire consiste à rechercher avec soin, en travaillant les arbres, les anneaux d'œufs qu'elles ont déposés sur les branches ; à couper celles-ci, afin d'enlever les nids, et à les brû-ler ; enfin, à détruire les chenilles éparses sur les plantes, ainsi que les papillons, qui viennent y faire leur ponte. Il faut aussi se borner à n'écarter que les oiseaux nuisibles, parce que les autres chassent les chenilles et en font une grande destruction.

Fourmis. — On suspend aux arbres qu'elles infestent, de petites bouteilles d'eau miellée, où elles viennent se noyer, et l'on inonde leurs repaires d'eau bouillante.

Limaces, escargots. — Il faut donner la chasse à

ces sortes de mollusques, le matin et le soir, dans le printemps et dans l'automne, lorsque le temps est doux et qu'il pleut. On les détruit aussi en plaçant de distance en distance de petits tas de son, les limaces s'y rassemblent, et là on peut facilement les faire périr.

Frêlons, guêpes. — On suspend en automne, aux arbres chargés de fruits, de petites bouteilles ou fioles débouchées et remplies à moitié d'eau miellée. Les frêlons et les guêpes y entrent et s'y noient.

Petits insectes, punaises, kermès. — Il est difficile de les détruire ; cependant, pour en délivrer une plante précieuse, on la lave avec une décoction de tabac ou avec l'eau préparée par M. Tatin, qui n'est pas chère.

On fait tremper les graines dans de l'eau chargée de suie, ou bien on les mêle avec de la fleur de soufre dans un vase qu'on tient fermé pendant trois jours, et l'odeur contractée empêche plusieurs insectes d'attaquer les semis au moment de la levée.

On détruit les kermès qui sont fortement collés sur les branches des arbres, en frottant ces dernières, de bas en haut, avec une brosse rude, ou, mieux, avec le dos de la lame d'une serpette.

On assure que les charançons, qui attaquent le blé, sont chassés par l'odeur de la corne brûlée et du sureau ; celle de résine, de thérébenthine, de lavande, de camphre, éloignent les teignes.

CHAPITRE IX.

Récoltes. — Conservation des Grains.

Le moment de couper le blé est indiqué par la couleur de la paille de l'épi et par la consistance du grain; on ne doit cependant pas attendre qu'il soit durci dans sa balle, car, dans ce cas, par un temps chaud on court le risque d'en perdre la moitié.

Si l'on donne à moissonner à prix fait, il faut faire attention que le nombre des ouvriers soit proportionné à la récolte, et qu'elle puisse être levée dans le moins de temps possible.

Dans certaines contrées, les coupeurs conviennent avec le propriétaire d'abattre la moisson, de la conduire à l'aire (les voitures leur étant fournies), de la monter en gerbiers, de la battre, de la vanner, et de porter enfin le blé net dans le grenier. Ces ouvriers ne sont pas communément payés en argent; ils ont, par exemple, quatre hectolitres de grain sur vingt, c'est-à-dire que le propriétaire en a seize, et que les moissonneurs se partagent entre eux les quatre autres.

La plus mauvaise de toutes les méthodes est de nourrir et de payer à la journée, parce qu'alors les ouvriers ne sont jamais contents de la nourriture qu'on leur donne, ils mangent et boivent beaucoup, travaillent le moins qu'il leur est possible, puisqu'il est de leur intérêt que l'ouvrage soit de longue durée ; pour peu qu'il survienne du mauvais temps, ils ne vont pas à l'ouvrage, et la gerbe pourrit sur le champ.

Avant de commencer la moisson, l'aire doit être re-battue à neuf ; les charrettes, les traits doivent être mis en état, ainsi que tous les outils nécessaires. Les pro-priétaires négligents paieront cher le manque d'atten-tion sur les plus petits détails.

Les outils employés à moissonner varient dans leur forme, suivant les contrées.

De toutes les méthodes pour couper le blé, on doit préférer celle qui est suivie dans la Flandre française, dans le Hainaut, dans l'Artois, etc.; elle consiste à se servir de la faulx proprement dite, armée de ployons : c'est l'instrument le plus expéditif, celui qui égraine le moins l'épi, et qui coupe la paille le plus près de la terre.

Des Gerbiers momentanés.

Lorsque le blé est coupé et réuni en gerbes, on le laisse sur le champ quelque temps, afin que la chaleur dissipe l'humidité de l'épi.

S'il ne pleut pas, si le temps n'a pas été trop humide, enfin si toutes les circonstances sont favorables, les gerbes peuvent rester étendues sur le sol pendant un seul jour ; ensuite, on les rassemble en petits gerbiers. On peut encore, si l'on veut, les transporter dès le len-demain près de l'aire et les monter en grands gerbiers. L'opération du transport doit commencer dès la pointe du jour et finir à neuf ou dix heures, surtout lorsque la proximité du champ la facilite. Si, au contraire, le temps est humide ou pluvieux le jour de la moisson, il vaut mieux laisser les gerbes étendues sur le champ, les retourner soir et matin, et même les dresser, afin qu'étant mieux exposées à l'air, elles sèchent plus vite.

Si l'éloignement de l'aire ou de la grange ne permet pas un prompt transport, si l'on craint de nouvelles pluies, il faut prendre son parti et monter de petits gerbiers sur le champ même. On choisit pour leur emplacement, de distance en distance, la portion de terrain qui forme un petit monticule, s'il s'en rencontre : là, on met une gerbe droite, les épis en haut, et elle devient le point central ; on range circulairement, et tout autour de la première, de nouvelles gerbes (toujours les épis en haut), mais inclinées contre le centre, ce qui forme un cône tronqué et assez large par le haut. Sur cette portion de cône, on étend à plat de nouvelles gerbes, les épis au centre, on les recouvre avec trois ou quatre autres gerbes entières et une ou deux déliées, de manière que le cône devienne presque parfait, et que les pailles se trouvent en recouvrement les unes sur les autres ; les transversales du second lit restent encore assez inclinées pour garantir les inférieures de la pluie et porter les eaux au-delà de la circonférence du cône. Le nombre de ces petits gerbiers est multiplié suivant l'étendue du champ et l'abondance de la récolte.

AUTRE MÉTHODE.

Nous croyons devoir rappeler le moyen suivant, qui a été constamment et généralement employé depuis

6**

1846 dans le département de la Seine-Inférieure, pour préserver le blé de la germination, qui, trop souvent, est le résultat de pluies survenues entre le moment où on le coupe et celui où on peut le mettre en gerbes :

A mesure que le blé est coupé, prendre successivement, en plusieurs brassées, une quantité de tiges équivalente à cinq ou six gerbes du poids de 45 kilogrammes ou environ, les mettre debout, les lier au-dessous de l'épi avec quatre ou cinq autres tiges, enfin les couvrir d'un *chapeau* formé de deux autres brassées appliquées l'épi en bas, et qu'on assujettira avec un second lien plus fort que le premier.

A l'aide de ces précautions, qui ont du rapport avec ce qui se pratique pour le chanvre, la pluie ne fera que glisser le long des tiges, et alors même qu'elle aurait duré deux ou trois semaines, on pourra profiter du premier jour de beau temps pour mettre en gerbes sans autre dommage qu'une légère altération, peut-être de la paille, à la circonférence du *chapeau*.

Ce procédé, qu'il serait si important de voir se propager, a depuis longtemps remplacé l'usage des *javelles* dans le département de la Seine-Inférieure; il n'exige guère plus de main-d'œuvre, dans le cas même où un temps favorable permettrait de le négliger, et il en peut coûter beaucoup moins, si un temps contraire mettait les cultivateurs dans l'obligation de tourner et de retourner les *javelles*; il a, d'ailleurs, l'avantage de rendre la dépense de main-d'œuvre certainement utile, tandis que les *javelles*, quoique tournées et retournées, n'offrent plus, après plusieurs jours d'un temps humide, que du grain et de la paille avariés.

Une expérience de trente années a fait reconnaître :

1º Que le blé destiné à être mis en *villottes* (tel est le nom donné, dans la Seine-Inférieure, à la petite meule que nous avons essayé de décrire) peut être coupé avant son entière maturité ; qu'une fois dans cette position, il achève de mûrir et profite encore dans une proportion plus remarquable que le blé resté en *javelles* ;

2º Que sa couleur plus belle lui fait donner la préférence dans les marchés et lui assure un prix plus élevé de 2 francs au moins par sac de 200 kilogrammes (deux hectolitres et demi);

3º Que la *villotte*, dans les localités où elle est en usage, a procuré une plus grande valeur aux récoltes sur pied, par cela seul qu'elle garantit à l'acheteur la conservation de ce qui lui a été vendu ;

Et 4º que, grâce à ce procédé, le grain s'échappe moins facilement de l'épi, et qu'il est, en outre, à l'abri des atteintes de la grêle.

Les cultivateurs qui ont adopté cet usage s'en sont si bien trouvés qu'ils l'ont étendu à la récolte des seigles et des avoines, et qu'ils le pratiquent même alors que l'état de l'atmosphère leur inspire le plus de sécurité. Enfin, il a été, depuis 1847, concurremment avec un procédé indiqué par Mathieu de Dombasle, recommandé par M. le Ministre de l'Agriculture et du Commerce dans des circulaires adressées à MM. les Préfets, avec invitation de lui donner la plus grande publicité possible.
(Extrait du Moniteur.)

Des Gerbiers à demeure jusqu'au temps du battage.

Dans les départements du nord de la France, on renferme le grain en gerbes dans des granges ou sous des hangars spacieux.

Les habitants d'un lieu plus ou moins méridional, plus ou moins sec ou humide, dirigent leurs travaux en conséquence du climat : de là vient que les uns battent leur blé dans l'été, aussitôt après la moisson et sans interruption ; tandis que les autres en battent une partie dans l'été et une partie pendant l'hiver. Plus le grain reste dans les gerbes amoncelées, et mieux il se nourrit ; il sue peu à peu son humidité superflue, et il ne diminue pas autant de volume que le blé qu'on se hâte d'extraire des gerbes.

Soit que l'on batte aussitôt après la moisson, soit que l'opération soit différée, propriétaires, veillez vous-mêmes à la construction de vos gerbiers : votre fortune en dépend !

Du Sol sur lequel reposent les Gerbiers.

Les gerbiers doivent, autant que faire se peut et jusqu'à un certain point, environner l'aire ; mais il est essentiel de laisser ouverts les deux côtés par où soufflent les vents dominants dans le pays, afin de vanner avec facilité. La place du gerbier sera nettoyée avant de le commencer, et tout autour régnera un petit fossé avec son écoulement ; la terre qu'on en retirera servira à élever le sol ; de cette manière, les eaux pluviales s'échapperont, n'imbiberont pas le terrain, et ne le rempliront pas d'humidité. Un autre moyen consiste à placer, de distance en distance, sur ce sol, des pièces de bois de quelques centimètres d'épaisseur, et ensuite à les couvrir avec des planches ; la paille ou les gerbes ne toucheront point à la terre ; il régnera sous ce plancher un courant d'air qui dissipera l'humidité, et les gerbes seront toujours à sec, quelque temps qu'il fasse.

Forme des Gerbiers.

Les gerbiers sont ordinairement de forme ronde, ou en carré long. Dans l'un et dans l'autre cas, la partie du milieu de la hauteur du gerbier est plus large que la base, et celle du sommet se termine en cône dans le premier, et en pyramide dans le second, de manière que la progression de la croissance et de la diminution soit la même.

Battage ou Dépicage.

Le battage est l'action de séparer le grain de l'épi, soit avec le fléau, soit en faisant fouler les gerbes par les pieds des animaux. Suivant la coutume des différentes contrées, on bat ou à l'aire, ou dans des lieux fermés ; tout dépend de l'habitude, et chacune a ses avantages : la dernière méthode permet de battre pendant l'hiver, temps auquel les travailleurs sont moins occupés dans les pays où il y a peu ou point de vignobles à façonner.

L'aire doit être bien exposée au soleil et à tous les vents, afin que l'on puisse facilement séparer la poussière d'avec le blé ; le sol doit être dur et sec.

6***

De la Conservation du Froment dans les greniers.

Il est dans l'ordre de la nature que toute substance végétale, parvenue à sa maturité et à sa perfection, tende à se décomposer, si l'industrie humaine ne retarde pas ce dépérissement.

Remuez souvent votre blé; établissez le plus qu'il vous sera possible de grands courants d'air dans votre grenier. C'est en quoi consiste la vraie méthode, surtout si vos greniers sont construits comme il sera dit ci-après.

Des Fausses Teignes.

De tous les ennemis du froment, de l'orge, de l'avoine et même du seigle, les plus redoutables sont les fausses teignes. Ce dangereux insecte est heureusement peu connu dans le nord de la France; il est plus multiplié dans les départements du centre, et il cause de grandes pertes dans ceux du midi. Il commence dans l'épi même encore sur pied ses ravages, qui se continuent dans les gerbiers et se propagent d'une manière désastreuse dans les greniers, car il arrive quelquefois que des tas énormes de froment, échauffés intérieurement par la présence de ces innombrables insectes, de leurs dépouilles et de leurs excréments, entrent en fermentation, tombent en dissolution, et sont entièrement perdus pour le propriétaire.

J'avais au printemps de 1854, dans un petit grenier, un tas d'avoine qu'il fallait remuer toutes les semaines; en y introduisant la main, la chaleur y était très-sensible, et il s'en dégageait une odeur assez forte de moisi. Je ne pouvais étaler ce grain assez à plat à cause du peu d'espace, et il fallait toujours revenir au pelletage, qui n'enlevait qu'une partie de la chaleur. Je m'occupais alors du drainage dans un herbage, et je réfléchissais souvent aux bons résultats qui en proviendraient quand il serait plus universellement compris et employé.

Il m'était resté de la campagne d'hiver beaucoup de tuyaux du plus petit calibre, de ceux qu'on vend autour d'Alençon 22 fr. le mille. Faute de ces tuyaux, on pourrait se servir de tuiles courbes.

J'avais sous la main de la volige de peuplier très-étroite ; j'en plaçai quatre planchettes horizontalement sur le sol à la distance d'un mètre. Je mis dessus mes tuyaux placés bout à bout comme sous terre ; voyant que les tuyaux se tenaient difficilement en position, je fis à la planchette de petits trous de distance en distance et, avec un fil de laiton recuit et tordu, j'obtins la fixité désirable. Cela fait, j'entassai légèrement de l'avoine sur mes tuyaux (33 centimètres environ), et j'en dressai très-légèrement encore la surface à plat ; je mis dessus, et comme la première fois, une deuxième ligne de tuyaux fixés sur quatre nouvelles planchettes, sur lesquelles je rejetai une nouvelle couche d'avoine, seulement, j'eus soin de mettre cette deuxième ligne en *quinconce* avec la première ; je fis ainsi et successivement quatre rangées de tuyaux couronnés du reste de l'avoine ; mon tas était à peu près semblable aux mètres de pierre cassée qu'on voit sur les routes, et de chaque côté long sortaient les bouches de mes tuyaux, le tout avait l'air d'une petite batterie d'artillerie : le dôme fut légèrement nivelé avec le dos de la pelle, toujours avec le soin de presser le grain le moins possible, afin de favoriser la circulation de l'air.

Après mon essai, qui me demanda plusieurs tâtonnements, mon avoine était chaude et sentait l'aigre ; le lendemain, elle était encore un peu tiède ; le troisième jour elle était froide ; l'odeur aigre d'échauffé diminua insensiblement et disparut tout-à-fait en 15 jours. Je l'ai laissée ainsi plus de *trois mois*, pendant tout l'été, sans la remuer, elle n'a plus chauffé ni fermenté ; il me semblait même qu'elle donnait du froid à la main.

Ce qui a été vrai pour l'avoine, qui fermente très-aisément, doit l'être encore plus pour tous les autres grains. N'en ayant pas l'an passé, je n'ai pu l'expérimenter, mais je ne puis douter de la réussite ; je me propose d'y revenir après la récolte de 1855. Il n'y eut jamais moyen plus simple, plus économique, plus à portée de tous. Avec 22 fr. de tuyaux, on peut aérer et conserver de grandes masses de céréales ; on peut, si le plancher est solide, entasser autant que l'on veut et loger dans le même espace le triple et plus de grains.

Dans les grandes exploitations, dans les magasins du gouvernement ou des gros négociants, rien ne serait plus facile, pour améliorer encore le procédé, que de pratiquer dans les murs, au niveau du plancher, du côté nord, de petites ouvertures qui, au moyen de canaux en zinc rentrant dans le premier rang de tuyaux posés sur le plancher, feraient *la nuit* circuler l'air froid du dehors dans la masse et abaisseraient sa température de plusieurs degrés , ce qui contrarierait singulièrement l'éclosion des larves.

On pourrait encore, au moyen d'un petit appareil portatif, que nos chimistes industriels auraient bientôt produit, dégager de l'acide carbonique dans les tas; il ne nuirait en rien à la qualité du grain, et asphyxierait les insectes ou les larves qui s'y trouveraient : la cornue qui produirait ce gaz serait facilement mise en communication avec les tuyaux ; on aurait soin de boucher les ouvertures opposées avec un mandrin en bois, qu'il est toujours utile d'enfoncer dans l'ouverture qui se trouve du côté de la masse à drainer, parce qu'en entassant le grain on en introduit toujours plus ou moins dans les tuyaux ; on retire ce mandrin quand l'opération est terminée ; une main l'arrache doucement, pendant que l'autre fait contre-poids, afin de ne pas ébranler les planchettes.

J'ai aussi essayé de deux tuyaux en toile métallique, montés sur tringles en fil d'archal ; l'air y circulait encore plus facilement peut-être, mais les tuyaux en terre sont moins chers et plus froids et me paraissent préférables ; en outre, la dépense est bien plus minime ; puisque l'eau sous terre y circule si facilement, à plus forte raison , l'air infiniment plus subtil, les parcourt aisément dans les tas de grains.

Le drainage n'a pas dit son dernier mot en économie rurale ; les tuyaux peuvent encore servir à former les meules de foin et de blé dans les années humides. Rien de plus facile que d'en former le centre avec les tubes du plus gros calibre, et de faire rayonner de ce centre, de mètre en mètre, en entassant quatre ou huit rangs des plus petits qui viendraient affleurer la circonférence. Ils sécheraient promptement la masse en conduisant l'humidité au dehors, s'opposeraient à la fermentation et à la moisissure, et sans doute empêcheraient des combustions spontanées, qui sont assez fréquentes.

Enfin, intercalés entre les sacs à blé et à farine qu'on entasse quelquefois à plusieurs mètres de hauteur, ils rendraient les mêmes services soit dans les halles ou magasins, soit dans les coques des *navires* marchands.

Le drainage du sol et le drainage des céréales réunis, l'un augmentant la production d'un dixième et l'autre empêchant la perte d'un vingtième au moins, peuvent rendre les plus grands services aux populations qui s'accroissent journellement ; c'est ainsi qu'une découverte utile en amène une autre.

Quant aux rongeurs qui, après la fermentation et les insectes, sont le fléau le plus redoutable des greniers, voici ce qui me paraîtrait le plus en état de remplacer les *chats*.

Pour les exploitations nouvelles, ou celles qu'on voudrait rendre plus aptes à une conservation facile, on ne pratiquera d'ouverture aux greniers que du côté nord ; le plancher sera formé de madriers en sapin du nord, de l'épaisseur de 4 à 5 centimètres, bien joints et goudronnés.

Le long des murs, et aux quatre angles, on pratiquera dans le plancher, de 4 en 4 mètres, de petites ouvertures propres à loger des pots en faïence unie, d'une ouverture de 15 à 20 centimètres, plus larges en bas qu'en haut, et à demi remplis d'eau de chaux pour empêcher la putridité du liquide. Ces pots seraient, par leur rebord extérieur aplati, au niveau du plancher, et recouverts d'une petite trappe à bascule pouvant s'abaisser des deux côtés au moment où les rats ou souris passent dessus, de manière à y être précipités.

Ils s'y noieraient infailliblement et s'efforceraient en vain de remonter les parois obliques et glissantes ; pour les y attirer, on attacherait au centre un petit os enduit de miel, dont ces animaux sont friands, ou tout autre appât.   (HUVELLIER.)

Des Causes intérieures du dépérissement des grains.

Si les pluies fréquentes ont avarié votre blé lorsque les gerbes étaient encore dans les champs, ou si l'on a été forcé, par les circonstances, de moissonner avant que le grain eût acquis une maturité convenable, comme cela arrive parfois dans les pays du Nord, le blé est à peu près dans l'état où il se trouve lors de sa germination ; il est, par conséquent, très-voisin de la fermentation ; pour peu que les circonstances y concourent, ce grain renfermé humide dans le grenier s'y échauffera et s'y détériorera.

Ce blé peu sec ou même germé, étant battu, on l'exposera au-dessus d'un four ; on le répandra sur le plancher, ou on le mettra sur des claies serrées. Il sera remué, de quart d'heure en quart d'heure, avec une pelle ; on laissera une porte ou une fenêtre entr'ouverte pour donner issue à l'humidité.

Si l'on n'a pas de pièce au-dessus du four, on mettra

ce grain dans le four même, quelque temps après que le pain en aura été retiré; on laissera la porte du four entr'ouverte, et l'on remuera le blé, de dix en dix minutes, avec de longues pelles ou des rateaux, pour faciliter l'évaporation de l'eau. On n'attendra pas que le blé soit parfaitement sec pour le sortir du four, car alors il serait trop desséché. Lorsqu'on le criblera, on aura l'attention de ne le mettre en sacs ou en tas que lorsqu'il sera bien refroidi; car, si on l'enfermait chaud, il retiendrait un peu d'humidité qui le ferait moisir.

Du grenier.

On ne doit jamais porter de blé dans un grenier sans en avoir auparavant balayé exactement le sol, ainsi que tous les murs et les plafonds. L'effet du balai est de détacher du mur les chrysalides et les insectes qui peuvent y être attachés. Le cultivateur négligent laisse les ordures dans un coin; mais le propriétaire soigneux les fait jeter dans le feu en sa présence. Plus le grain sera resté longtemps dans sa balle au gerbier, mieux il se conservera dans le grenier.

Un rang de carreaux placés de champ tout autour du grenier et bien liés avec du plâtre ou du mortier devient une bonne défense contre les rats. Si la surface des murs intérieurs n'est pas bien recrépie, elle sera repiquée et de nouveau recrépie avec du plâtre et du mortier, puis tellement lissée qu'il n'y reste plus aucune fente, aucune gerçure capable de servir de retraite aux insectes. La même opération aura lieu pour le plancher supérieur ou toit du grenier; c'est-à-dire qu'avec des lattes, du plâtre ou avec du mortier, on fera une espèce de plafond.

Lorsque vous construirez un grenier, n'établissez pas de grandes fenêtres, ne les multipliez pas : contentez-vous d'ouvrir des œils-de-bœuf, à la distance d'un mètre les uns des autres, sur tout le pourtour du grenier ; ils auront 33 centimètres en largeur et en hauteur, et se-ront garnis, en dehors du bâtiment, d'une grille de fils de fer à mailles assez serrées pour empêcher d'entrer les souris dans l'intérieur du bâtiment ; ils seront fermés par un châssis recouvert de canevas sur lequel battra et reposera un contre-vent en bois. Enfin, vous placerez ces petites fenêtres au niveau du carrelage du grenier.

Vous serez assuré, par ces moyens bien simples, d'empêcher l'entrée des charançons, des fausses teignes, parce que le canevas s'y opposera. Combien de fois j'ai vu ces insectes accourir des champs dans le grenier, et chercher à s'insinuer du dehors au dedans à travers les fils du canevas, ce qu'ils font sans peine lorsque ces fils sont trop espacés. Il faut donc un canevas assez serré, et cependant pas trop, afin que l'air puisse se renouve-ler facilement dans le grenier ; la toile ordinaire est trop serrée et ne vaut rien pour cet objet.

Récolte et conservation des graines.

Les graines qui se détachent d'elles-mêmes de la plante demandent à être cueillies à leur parfaite matu-rité, par un beau jour et en plein soleil. Quelques-unes, cependant, sont si fugaces et se détachent si aisément qu'il faut couper la plante un peu avant la maturité ;

autrement la silique, la capsule, le cône, etc., s'ouvrant par un mouvement très-élastique, chassent au loin la semence qu'ils renferment.

Quant aux graines qu'on est forcé de recueillir séparément, on fera très-bien d'enfermer chaque espèce dans un sac étiqueté, mais non suivant la coutume ordinaire des jardiniers, qui mettent les nouvelles graines sur les anciennes. Il vaut mieux avoir deux et même trois petits sacs pour la même espèce; l'année de chaque graine sera désignée sur l'étiquette, sauf à changer cette dernière au besoin.

Moyens de conserver les œufs.

Les meilleurs procédés de conservation reposent sur l'exclusion aussi complète que possible de l'air. Il faut agir avec des œufs très-frais, et par conséquent aussi pleins que possible.

Afin d'éviter l'introduction de l'air au travers de la coquille, on peut rendre celle-ci imperméable en l'enduisant d'une couche de quelque substance.

Un procédé économique, souvent employé avec succès, consiste à plonger les œufs, le plus tôt possible après qu'ils sont pondus, dans de l'eau saturée de chaux (qui n'en contient, comme on le sait, que $\frac{1}{600}$ de son poids) et à garder les vases ainsi remplis dans une cave dont la température change peu. On voit ici que l'air ne peut s'introduire dans les œufs, parce qu'ils sont pleins ; que, d'un autre côté, la chaux obstrue en partie les pores de la coquille, outre qu'en raison de sa propriété antiseptique, la chaux dissoute s'oppose à la putréfaction de l'eau elle-même.

(A. PAYEN, de l'Académie des Sciences.)

CHAPITRE X.

**Principales espèces potagères; leur culture. —
Plantes médicinales. — Fleurs.**

Pomme de terre et topinambour.

Pomme de terre. — Sa culture peut être naturelle
ou forcée ; dans ce dernier cas, on doit choisir la plus
précoce, comme la marjolin. On la plante vers le milieu de janvier, en la recouvrant de quelques centimètres
de terre, et l'on a soin de tenir le tout sous l'influence
d'une température chaude. On transplante sur couche,
en février, et l'on a des tubercules bons en mars et en
avril. On arrose plus ou moins fortement, à mesure
qu'on en remarque la nécessité. Par des moyens semblables, on peut faire deux et même trois récoltes dans
le courant de la même année.

La pomme de terre faisant essentiellement partie de
la grande culture, occupe ordinairement peu de place
dans les jardins potagers, où parfois elle est moins savoureuse que celle des champs, dont le sol est moins
fumé. Si l'on tient à avoir des pommes de terre pendant tout l'hiver, on doit accorder la préférence à la
jaune plate de Hollande, à la violette de Paris et à la
corne-de-chèvre de Paris. Poiteau mentionne la pomme
de terre des Cordilières, dont la chair a une couleur

jaune, et la pomme de terre haricot, très-petite, comme l'indique son nom, et que l'on peut employer entière dans les ragoûts. Dans la culture jardinière ordinaire, on plante en mars, et l'on met sur le sol, au-dessus de chaque pomme de terre, une poignée de litière pour préserver les pousses des gelées qui peuvent survenir lorsque les premiers jets sortent de terre.

On a aussi conseillé de semer les pommes de terre en août, et de les mettre à l'abri de la gelée, après la destruction des tiges, avec de la litière; on récolte alors en mars ou avril.

Plus les sarclages et les binages seront nombreux, mieux cela vaudra pour la plante.

Il paraît démontré que, si l'on sème de gros tubercules, on aura plus de produits sur une étendue donnée qu'avec de petits ou des parties de racines.

Topinambour. — Le topinambour, qui est appelé sans aucun doute, à rendre de grands services à l'agriculture, dans les pays pauvres principalement, n'a d'abord été cultivé que dans quelques coins de jardin, où, abandonné à lui-même, il n'a pu donner d'abondants produits; si la culture en était bien soignée, il rapporterait plus que la pomme de terre; il diffère de celle-ci par le goût. Il est très-nourrissant. On le sème en février ou en mars, et, comme il ne redoute pas la gelée, quoiqu'il soit originaire du Brésil, on a l'avantage de pouvoir faire la récolte à mesure du besoin.

Le topinambour a quelques rapports, pour la saveur, avec l'artichaut; mais il est généralement plus fade. On le voit souvent exposé sur les marchés de la Provence,

où on le vend de dix à quinze centimes le kilogramme.
Il paraît que le topinambour, coupé par tranches et macéré pendant vingt-quatre heures dans de l'eau renfermant un peu d'alcali, comme chaux, soude ou potasse,
est d'un bien meilleur goût pour la consommation. L'alcali forme un savon avec l'huile de topinambour.

Carotte, betterave, navet, salsifis, scorsonère, radis, céleri-rave.

Carotte. — Pour la carotte, dit Mathieu de Dombasle, de même que pour les oignons, poireaux et laitues, on ne doit jamais manquer de piétiner ou plomber
le sol sur toute la surface, immédiatement après la semaille. Cette opération, que ne néglige jamais un jardinier expérimenté, se fait en marchant de côté, le long
de la planche, afin de laisser une trace complètement
piétinée sur une largeur égale à la longueur des pieds
de l'ouvrier; on fait ensuite une autre trace à côté de
celle-ci, et ainsi de suite, jusqu'à ce que la planche
entière soit couverte de l'empreinte des semelles. Pour
faire cette opération, il est nécessaire que la terre ne
soit pas trop humide.

La carotte est excellente pour la nourriture des animaux; mais elle est en même temps une précieuse ressource alimentaire pour les hommes, et lorsqu'on a des
terres convenables, c'est-à-dire douces, profondes et
bien ameublies, on devrait ne pas se contenter de la
cultiver dans les jardins. Comme la betterave, elle
n'aime pas une fumure récente.

On connaît un très-grand nombre de variétés de

carottes qui toutes tiennent à deux souches principales, la rouge et la blanche. Parmi les premières, on distingue la rouge longue et la printanière, qui a la forme d'une toupie. Parmi les variétés blanches, M. de Dombasle recommande surtout celle des Vosges, qui, en effet, a d'excellentes qualités ; la blanche de Breteuil est aussi très-estimée. La carotte à collet vert est beaucoup moins sucrée et moins savoureuse ; mais, comme elle réussit assez facilement, et qu'elle donne des produits abondants, c'est celle qui est cultivée de préférence en France comme plante fourragère.

Pour la culture proprement dite de la carotte, on doit avoir égard aux points suivants : 1° si l'on sème de la graine de deux ans, de bisannuelle la plante devient annuelle et monte avant la fin de l'année ; il faut donc, autant que possible, récolter soi-même sa graine ; 2° si on le peut, il est bon de donner à la terre deux labours énergiques ; 3° il est utile de semer suffisamment épais, sauf à éclaircir de bonne heure, pour que les jeunes plantes ne se nuisent pas pendant leur première végétation. Sous le climat de Paris, nous dit la *Maison rustique*, on peut, dans les années ordinaires, semer en août des carottes que l'on mange alors de très-bonne heure au printemps.

La carotte jaune a à craindre les araignées, et avant l'arrachage les vers y nuisent souvent beaucoup. On conserve cette racine comme la betterave, dans des silos et des celliers ; mais elle est d'une garde moins facile que la plante que nous venons de nommer, et si l'on y laisse pousser des rejets elle perd de sa qualité. Certains horticulteurs, pour obtenir de la graine, préfèrent planter leurs racines avant l'hiver; seulement, ils les couvrent pendant les fortes gelées. Les porte-graines doivent être choisis parmi les carottes les plus belles et les plus saines. Pour conserver une variété bien pure, on ne recueille de la graine que sur les principales ombelles de chaque tige.

Betterave. — Pour cultiver la betterave dans un jardin, on sème à la volée, fort clair, et l'on couvre peu; on éclaircit le jeune plant. Dans les potagers, on peut mélanger avec les betteraves, dont la racine grossit beaucoup, des plantes qui s'élèvent assez haut et qui occupent peu de terrain. La betterave, aujourd'hui, figure peu dans les jardins; on la cultive généralement dans les champs, pour la nourriture des bestiaux et pour en tirer du sucre.

Navet. — Les meilleures espèces de navet sont le navet des Vertus, qui est blanc et d'excellente qualité; le navet des Sablons, le navet rose du Palatinat, le frenèse, le navet jaune de Hollande; le navet d'Ecosse, plus rustique que celui de Hollande; le navet noir d'Alsace.

Les principaux semis de navet se font de mai à septembre; à cette dernière époque, il faut ne chercher à obtenir que des espèces hâtives; il est nécessaire que la graine ait au moins deux ans. Pour toute espèce de semis, il est important de faire en sorte que la terre soit douce ou légère et fraîchement labourée. Comme on le pense bien, les sarclages et les éclaircissements sont indispensables.

En Angleterre on emploie beaucoup, sous le nom de

turnip tops, les pousses vertes des navets qui ont monté ; elles sont encore plus tendres si elles ont blanchi à la cave. Les navets se conservent en silos, en celliers ; sous certains climats doux, comme celui de l'Angleterre, on n'est pas même forcé de les rentrer. Le navet, par cela même qu'il est très-commun, n'offre pas de grands bénéfices dans la culture jardinière.

Salsifis. — Le terrain dans lequel on sème les salsifis doit être meuble, profond et assez frais. On peut semer depuis mars jusqu'en septembre, en ayant soin d'arroser jusqu'à l'apparition du jeune plant. Le salsifis n'est point sensible au froid, et il n'est pas nécessaire de le couvrir pendant l'hiver.

La *scorsonère* est une sorte de salsifis dont la racine, plus grosse, a une écorce noire ; elle demande plus d'engrais et de chaleur. Ce n'est guère que la seconde année que cette plante doit être mangée. La scorsonère monte promptement en graine, mais la racine n'en est pas moins bonne.

Radis. — Tout le monde connaît le radis, dont on fait une si grande consommation sur toutes les tables, principalement au printemps. Les deux variétés les plus connues sont le rose demi-long de Metz, et le rose commun ou ordinaire.

Le radis aime un sol bien fumé, une sorte de terreau, ou bien une couche ; si on le place en pleine terre, il pousse moins vite, et, pour peu qu'il fasse sec, il est déjà dur lorsqu'on doit le manger. Le sol a besoin d'être piétiné avant la semaille, et s'il est possible, on choisit une plate-bande à bonne exposition. En Angleterre, on tire partie des feuilles et des graines du radis. Les premières sont mangées comme le cresson, et les secondes en guise de câpres.

Céleri-rave. — On distingue deux espèces principales de céleri : l'une, dont nous parlerons plus loin, donne ses produits en feuilles, et l'autre en racines ; ce dernier porte le nom de céleri-rave. C'est un bon légume, qui veut une terre fraîche et assez profonde; l'irrigation y est favorable. Le plant est généralement meilleur lorsqu'il vient en pleine terre que lorsqu'il a poussé sur couche. On repique, dit le *Bon Jardinier*, au commencement de juin, à une distance de quarante à cinquante centimètres, après avoir retranché les grandes feuilles et toutes les racines latérales. Dans la pratique allemande, on déchausse la plante à chaque binage ; les racines se conservent en terre jusqu'à une époque assez avancée dans l'hiver.

Oignon, ail, échalote, ciboule, poireau.

Oignon. — Les deux principales variétés d'oignon cultivées dans les jardins sont le rouge et le pâle. Le rouge est le plus agréable au goût. Le pâle se conserve plus longtemps.

Le terrain le plus convenable aux oignons est une terre assez forte, qui ait été fumée l'année précédente. Quelques personnes prétendent qu'il ne faut pas fumer les oignons en les plantant. On peut semer en août et repiquer en octobre; on peut semer en automne et repiquer en février; dans ces deux cas, il faut une bonne couverture de fumier, et même la gelée est encore à craindre. Plus ordinairement on sème en mars, par planches, cent grammes par are; on recouvre le semis d'une légère couche de terreau, ou on le trépigne; la graine lève trois semaines après; on sarcle ensuite; en juin, on éclaircit et on laisse dix centimètres de distance entre chaque plant. Lorsque l'oignon a atteint une certaine grosseur, on brise les fanes et l'on dégage les bulbes, afin de les faire augmenter de volume et mûrir.

Ail. — On multiplie l'ail par ses gousses, qu'on sème en novembre ou en mars à environ huit centimètres de profondeur et à douze de distance. En juin, quand les feuilles sont sèches, on arrache les bulbes.

Echalote. — L'échalote se cultive comme l'ail; cependant il faut moins l'enfoncer en terre. La croissance de l'échalote est fort rapide; on la récolte au commencement de l'été.

Ciboule. — La ciboule annuelle croît fort vite, et l'on peut en faire des semis depuis mars jusqu'en septembre. La ciboule vivace se cultive ordinairement en bordure; elle ne produit pas de graine, et se multiplie par ses caïeux, que l'on sépare en écartant les touffes, en automne et au printemps.

Poireau. — Le poireau se sème clair, en mars; on le repique en juin, à l'aide du plantoir, en espaçant de quinze centimètres, et on l'enfonce profondément. On l'arrose assez souvent, et l'on rogne ses feuilles deux ou trois fois pendant l'été.

Artichaut, Chou-fleur.

Artichaut. — L'artichaut est aussi un des légumes les plus connus; mais, pour qu'il réussisse, il exige beaucoup de soins, excepté dans le Midi, où il pousse, pour ainsi dire, sans avoir besoin d'être cultivé.

La reproduction par œilletons est d'autant plus facile qu'un seul pied en fournit une quantité très-considérable. Le rédacteur de la *Maison rustique* conseille de ne laisser trois œilletons à la plante-mère que dans le cas où celle-ci serait très-forte ; mais deux valent mieux, en général, car il est plus utile d'avoir de beaux produits que des produits nombreux.

Pour détacher les œilletons, on les tire de haut en bas; on y laisse un talon. On doit choisir ceux qui sont sains, droits et charnus, et rejeter ceux qui ont des feuilles coriaces. Un sol neuf ne convient pas à l'artichaut; il préfère être planté au printemps qu'à l'automne. La distance entre chaque plant doit être de soixante-quinze à quatre-vingts centimètres ; on a ainsi plus de 17 mille plants par hectare. Le défoncement est une opération préalable très-utile, et les arrosages ne doivent pas être oubliés. Relativement à ses produits, l'artichaut offre l'avantage de les fournir successivement.

Si l'on avait beaucoup de pommes d'artichaut quand les gelées arrivent, il faudrait couper les tiges de toute leur longueur et les planter dans la serre à légumes; les pommes s'y conserveraient longtemps.

A l'approche des gelées, on coupe les plus grandes

feuilles à 32 cent. du sol ; puis on ramasse, on amoncelle la terre autour des plantes, sans en mettre sur le cœur : c'est ce qu'on appelle butter. Quand il commence à geler, on couvre chaque touffe avec des feuilles sèches ou de la litière, que l'on ôte dans les temps doux pour éviter la pourriture, et que l'on remet quand le froid reprend ; pour cette opération, il ne faut pas se servir de fumier. Vers la fin de mars, on enlève la couverture, et l'on donne un bon labour en détruisant les buttes.

Chou-fleur. — Le chou-fleur aime l'humidité et une terre riche, mais non d'une consistance trop forte. Le dur, surtout, craint les chaleurs de l'été. Avec des soins, cependant, on peut avoir des choux-fleurs dans toutes les saisons. On les cultive pendant l'hiver de la manière suivante : On sème sur le terreau d'une vieille couche, en septembre ; on met sous cloche lorsque les froids arrivent, et l'on s'applique à empêcher le plant de geler, sans cependant le priver d'air de façon qu'il s'étiole. On met ensuite en place, dans le courant de mars, à une distance de soixante à soixante-cinq centimètres. C'est sur ces plants-là que l'on récolte ordinairement la graine. Pour avoir des choux-fleurs pendant l'été, on sème à la fin de janvier ou au commencement de février, sur couche chaude ; on repique trois semaines après sur une autre couche, puis on met en pleine terre en avril. Si l'on veut avoir des choux-fleurs d'automne, le semis, le plus ordinairement, a lieu vers le 15 juin, sur plate-bande terreautée et à l'ombre ; puis on met en place en juillet.

Melon, *Potiron ou Citrouille.*

Melon. — Le melon est une des plantes les plus estimées, dans le Nord surtout, où il ne vient, même sur une couche ordinaire, qu'à une certaine latitude; il est originaire d'Asie. On en distingue un très-grand nombre de variétés, qui, se confondant chaque jour les unes avec les autres, font que la classification en est fort difficile. On peut en former cependant, selon Vilmorin, trois groupes principaux : 1° celui des melons communs ou brodés; 2° celui des cantaloups; 3° celui des melons à écorce unie, mince et à grandes graines. Les premiers sont regardés comme les plus fiévreux de tous à l'arrière-saison. Le sucrin à chair blanche et l'ananas à chair verte des Etats-Unis sont les plus estimés de ce groupe. Parmi les cantaloups, l'orange et le fin hâtif sont les plus précoces; mais le dernier est le plus petit. Pour le courant de la saison, le prescott est le plus estimé à Paris. Parmi les variétés de la troisième race, on distingue le melon de Malte, à chair blanche ou à chair rouge, et les divers melons d'hiver connus sous le nom de melons d'eau, quoique ce nom appartienne plus spécialement à la pastèque. Ces melons, dit la *Maison rustique,* ont l'avantage de se conserver très-facilement et de n'être pas fiévreux comme les autres. Dans la Provence, les enfants en mangent des quantités illimitées, et les Provençaux disent proverbialement que c'est plutôt boire que manger.

On commence à semer en janvier ou février, sur couche; on recouvre le châssis de paillassons après le semis ; puis, lorsque les graines sont levées, on habitue peu à peu ces végétaux à la lumière, en soulevant les paillassons. On transporte ensuite les plants en pots, sur une nouvelle couche semblable à la première, qui n'est plus assez chaude. Lorsque ce végétal a poussé sa quatrième feuille, on l'étête au-dessus de la seconde, afin de favoriser le développement des bourgeons. En continuant le pincement, on arrive au troisième degré de ramifications, que l'on dépasse rarement. A mesure que les fleurs femelles se développent, on pince la branche qui les porte, et l'on supprime celles qui n'ont pas de fleurs mâles. On réduit aussi le nombre des fruits à deux ou trois sur chaque pied. Plus tard, la taille ne consiste plus qu'à supprimer les branches faibles et surabondantes. Le *Bon Jardinier* conseille aussi de ne faire que deux tailles, surtout pour les melons de cloche et pour les grosses espèces.

Les semis de la seconde saison se font en mars et en avril. La méthode la plus usuelle dans les jardins ordinaires est de semer en mai, sur couche sourde ; on met sous chaque cloche plusieurs graines, afin de ne conserver ensuite que le plant le plus vigoureux. Pour empêcher que les melons ne pourrissent à l'arrière-saison, on a soin de les séparer du sol par une pierre ou du bois. Les melons sont d'une réussite bien plus assurée quand ils ont d'abord acquis une certaine force sur les couches. En Provence, on les conserve enveloppés de paille et suspendus à des clous à crochet. En Suisse, on se contente de mettre les melons dans des caisses, sans qu'ils touchent les parois de celles-ci, ni qu'ils se touchent eux-mêmes; tous les vides et le fond des caisses sont remplis par des feuilles de pêcher. Dans le Midi, on pourrait se servir de feuilles d'amandier. En Italie, on conserve les melons dans des cendres bien tamisées et bien sèches.

Les *potirons* ou *citrouilles*, dont on cultive des étendues considérables dans le Midi et l'Ouest, ne sont pas appréciés à leur juste valeur dans le Nord et le Nord-Est, excepté en Alsace, où l'on en trouve une assez grande quantité ; mais si l'on en voit en Lorraine, ce n'est que par exception.

Cette plante, utile à l'homme, est fort avantageuse pour la nourriture des animaux et surtout des porcs. Nous connaissons plus d'un propriétaire qui nourrit un bon nombre de ces animaux jusqu'à un point assez avancé de leur engraissement, en grande partie avec des potirons. Disons, du reste, que cette plante est peu exigeante, et qu'il n'est pas rare que certaines espèces atteignent un poids de 150 kilogrammes. Pourvu qu'on y mette un peu d'engrais au pied, le potiron réussit très-facilement, et rapporte un revenu très-satisfaisant.

L'espèce la plus cultivée dans les environs de Paris est la grosse citrouille jaune d'Amérique. La boule de Siam se conserve plus longtemps. Dans le Midi, on cultive surtout les *courges*. Le *giraumont*, dit aussi *bonnet-turc* ou *giraumont-turban*, est la variété de potiron qui a la plus petite taille. Dans ces derniers temps, on a aussi parlé du potiron de Corfou. Si l'on veut hâter la végétation des citrouilles, on peut les semer d'abord en pot, en mars, pour ensuite les mettre en pleine terre.

Fèves, Haricots, Lentilles, Pois.

Fèves. — Les espèces de fèves les plus grosses sont la fève ordinaire et la fève de Windsor. Parmi les petites, on distingue la naine rouge, la naine hâtive, la fève violette, et celle à longue cosse, qui, pour cette raison, comme le dit Vilmorin, peut mériter la préférence. Les fèves se plaisent dans un sol substantiel et un peu humide ; on les sème en rayons, à la profondeur de 8 à 12 centimètres ; on peut semer pendant tout le printemps ; il est utile aussi d'en pincer le sommet lorsqu'elles sont en fleur, pour les faire mieux grainer.

Haricots. — On connaît un très-grand nombre de variétés de haricots, parmi lesquels on peut citer, en première ligne, comme pouvant être consommés ou conservés verts : 1° le nain de Hollande, en grande réputation près des jardiniers de Paris ; 2° le nègre de Tourraine, moins précoce ; 3° le nain du Canada ou d'Amérique, qui est sans filaments ; 4° le haricot suisse, qui a plusieurs variétés ; 5° le noir de Belgique, qui est extrêmement précoce. Le soissons, le sobre, le blanc d'Espagne et le flageolet sont ceux que l'on cultive généralement pour les écosser, et qui ont besoin de rames. Celui d'Espagne, que l'on dit vivace si l'on en préserve la racine du froid, est difficile à réussir ; le flageolet est plus recherché pour être mangé en grains verts. Le *Bon Jardinier* cite le *haricot pédame* comme étant un mange-tout par excellence, même lorsqu'il est sur le point d'accomplir sa maturité.

Comme les haricots sont extrêmement sensibles aux

moindres gelées, il ne faut les semer qu'à l'époque où le froid n'est plus à craindre. Ces semis peuvent se renouveler pendant le reste du printemps et la moitié de l'été. Les haricots aiment une terre légère, assez bien fumée.

On récolte le haricot pour le manger ou en vert avec ses gousses, ou tendre sans gousses, ou enfin sec.

Lentilles. — Dans le Midi, on peut semer les lentilles en automne ; mais dans le reste de la France on sème au commencement d'avril. On sème soit à la volée, soit en rayons ; dans ce second cas, on sarcle. Comme les lentilles n'exigent pas de soins et qu'on ne les mange que sèches, on les cultive dans les champs comme dans les jardins.

Pois. — On connaît un très-grand nombre de variétés de pois, se distinguant ou par leur forme, ou par le mode de consommation de leurs produits. On peut en former deux sections principales : la première se compose des pois dont on ne mange que la graine ; la seconde, des pois sans parenchyme intérieur, et que, pour cette raison, on appelle mange-tout.

Les premiers se cultivent avec ou sans rames. Parmi les derniers, on distingue les pois nains de Bretagne, de Hollande, de Prusse, etc. Ils sont assez peu productifs, et, comme les autres, d'un assez faible revenu dans le jardinage ; mais les pois sont peu exigeants, et, pour cette raison, cultivés en assez grande quantité, quoiqu'ils garnissent peu la bourse. Parmi les pois à rames, on peut citer surtout le pois Michaux de Hollande et ses variétés ; le prince Albert, très-précoce, qui, à la rigueur, peut se passer de rames, si on le pince; le petit pois de Paris, précoce aussi; le carré fin, tardif; et le ridé tardif, d'excellente qualité.

Au nombre des pois mange-tout ou sans parenchyme à l'intérieur, on peut recommander le nain hâtif, le nain ordinaire en éventail, le nain à grosses cosses, le géant, etc., etc.

Les pois n'aiment, pas plus que les haricots, un sol humide, quoiqu'ils le redoutent moins; on sème presque toujours en lignes. Pour les primeurs, on choisit de préférence les plates-bandes exposées au midi; les semis peuvent commencer en novembre et continuer jusqu'en mars; c'est cette dernière époque que l'on choisit pour tous les pois dont on veut recueillir la graine.

Selon M. Tamponet, jardinier de Paris, les pois plantés sont bien plus précoces que ceux qui sont semés en place; il paraît que l'insecte appelé bruche-de-bois attaque de préférence les bois printaniers.

Oseille, Epinard, Céleri, Chicorée, Pourpier, Cardon, Laitue, Asperge.

Oseille. — L'oseille, que l'on cultive assez ordinairement en bordures, est d'un grand usage dans la cuisine; mélangée aux épinards, elle leur cède avec avantage une partie de son acidité. Toutes les espèces, comme, par exemple, l'oseille dite de Belleville ou la grande oseille, n'ont pas cette acidité si marquée de l'oseille commune. Dans les jardins de peu d'importance, on sème l'oseille à la volée en automne, ou bien encore, mais c'est plus long, on la reproduit d'éclat; par ce dernier moyen on est sûr de multiplier l'espèce généralement préférée à cause de son goût : je veux dire l'*oseille vierge, dont les feuilles sont peu acides.*

L'oseille vient bien sur presque tous les sols; mais on doit, afin d'éviter l'acidité, qui serait trop grande pendant l'été, semer à l'ombre ou au nord.

Epinard. — Les épinards nous viennent d'Asie, et sont connus partout aujourd'hui : on distingue l'épinard commun et l'épinard de Hollande ; ce dernier est le préféré. On sème depuis décembre jusqu'en octobre ; mais, dans le premier cas, c'est sur couche avant d'autres légumes. Après avoir fait une première récolte en coupant à quelques centimètres au-dessus de terre, on arrose si on veut obtenir de nouveaux produits ; s'il fait trop sec cependant, la plante monte, et alors il vaut mieux, immédiatement après la première récolte, cultiver un autre végétal.

On doit citer aussi, comme pouvant être employée en guise d'épinard, la *claitone*, qui se coupe plusieurs fois dans l'année, et la *morelle*, que l'on traite comme mauvaise herbe dans les jardins. On fait un très-grand usage de cette dernière dans les îles de France et de Bourbon.

Céleri. — Nous avons déjà parlé du céleri-rave, qui se mange cuit. Les autres variétés principales, qui ont un usage différent, sont : le céleri gros violet de Tours, qui s'emploie en salade ; le plein blanc, le céleri turc ou de Prusse, le plein rose, le nain frisé, et le céleri à couper. Tous se multiplient par la graine, et on les met en place après les avoir fait pousser sur couche et les avoir transplantés une première fois. Il faut mettre le céleri dans une terre neuve ou défoncée, car dans ces conditions il acquiert un meilleur goût. Dans les terres légères et sèches, on creuse ordinairement les planches, afin de pouvoir butter le céleri ; dans tous les cas, lorsque cette dernière opération s'effectue, il vaut mieux se servir de terre que de fumier, et on doit avoir soin aussi de couper l'extrémité des feuilles qui dépassent la terre, pour qu'il n'y monte plus de sève. En moins d'un mois, le céleri est blanchi.

Chicorée. — Les variétés préférées sont : la grande blanche, qui est la plus tendre et la plus délicate ; la verte, la plus rustique et la plus petite, frisée ou non. On connaît aussi la scarole grande, ronde ou blonde. Ces diverses variétés se sèment sur couche ou en pleine terre.

Les chicorées ordinaires, semées sur couche, assez clair, en avril et mai, sont repiquées lorsqu'elles sont grosses à peu près comme le doigt. La distance entre les pieds varie entre vingt-cinq et trente centimètres. On arrose lorsque le besoin s'en fait sentir, et l'on augmente la quantité d'eau à mesure que la grosseur de la plante le demande ou que la sécheresse l'exige. On lie lorsque le cœur commence à blanchir. Pour les faire blanchir plus tôt, il suffit de les priver d'air, en les plaçant sous des pots à fonds étroits et entourés de fumier chaud. Lorsque la saison est plus avancée, on peut semer en pleine terre pour en avoir en septembre ; on sème surtout en juin et juillet. On peut conserver la chicorée pendant l'hiver à la cave , dans du sable , en disposant les pieds en rayons.

Pourpier. — Le pourpier est une plante que l'on mange en salade comme la précédente. Elle se sème sur couche ou en pleine terre ; dans le premier cas, on sème depuis janvier jusqu'en mars ; dans le second, en mai seulement et jusqu'en août. On recouvre d'un peu de terreau , et on arrose légèrement, le plus souvent possible, jusqu'à la levée. On fait plusieurs coupes.

Cardon. — Parmi les cardons, on distingue surtout celui de Tours, dont les côtes sont pleines et épaisses ; celui d'Espagne , sans épines ; et le cardon à côtes rouges et larges, introduit depuis peu dans la culture. M. Vilmorin donne le cardon de Tours comme meilleur que celui d'Espagne ; mais il préfère les autres variétés au premier dont les feuilles sont armées de trop forts et trop nombreux piquants. L'auteur du *Bon Jardinier*, en même temps, vante beaucoup le cardon de Puvis, très-connu dans les environs de Bourg et de Lyon. La méthode de culture la plus usitée consiste à semer en mai, dans des trous éloignés d'environ un mètre et garnis de terreau.

Les plants sont ensuite traités comme ceux d'artichaut, sauf qu'on arrose plus fréquemment. On fait blanchir les feuilles en les rapprochant et les liant ; cela dure environ trois semaines. On conserve en cave, pour la provision d'hiver, les cardons enlevés en motte.

Laitue. — La laitue est une des plantes les plus utiles des jardins ; elle est de printemps, d'été et d'hiver. Parmi les laitues de printemps, on distingue la petite *noire* et la *gotte*, qui servent principalement pour les plantations sous cloches ou châssis, quoiqu'on les mette aussi en pleine terre. Celles d'été sont grises, rouges, vertes, hâtives, etc. La *romaine* est aussi une des plus remarquables ; on en connaît une foule de variétés, parmi lesquelles on peut citer la *blonde maraîchère*, la plus cultivée à Paris ; la *monstrueuse*, la *panachée*, et la *romaine à feuilles d'artichaut* ; cette dernière est fort recommandée par Mathieu de Dombasle. Les laitues, en général, pourraient se diviser, d'après leur forme, en *laitues pommées* et en *laitues romaines* ou *chicons*. Parmi les laitues d'hiver on distingue la laitue *de la passion*, ainsi appelée parce qu'elle pomme vers la semaine sainte : elle n'est pas tendre, mais très-rustique ; la *marine*, plus verte que la passion.

Les laitues précoces se sèment en mars, dans des conditions propices, sur couche ou terreau, et se repiquent en avril ; ou bien, encore, on les sème en place avec d'autres légumes. Les laitues d'été semées aussi en mars donnent des produits jusqu'en juillet ; les laitues d'hiver se sèment depuis la mi-août jusqu'à la mi-septembre. La culture des romaines ne diffère, à vrai dire, de celles des pommées, que parce que les premières veulent être liées.

Asperge. — L'asperge se multiplie de graine ; on la sème en octobre ou en mars ; on laisse les jeunes plants pendant une ou deux années dans le lieu de leur naissance, afin qu'ils se fortifient, en ayant soin de sarcler aussi souvent qu'il est nécessaire, et d'arroser pendant les grandes chaleurs. Après leur première année, les griffes sont souvent assez développées pour être arrachées et mises en place ; on peut donc alors les extraire de terre et les replanter à la fin de mars et pendant tout le mois d'avril. Le terrain doit être disposé en planches creuses, défoncées à trente ou quarante centimètres, et garnies de six à huit centimètres de terreau dans le fond. A l'automne, pendant trois ou quatre ans, l'on répand sur la plantation une partie de la terre enlevée, et ce n'est qu'après ce laps de temps que l'on commence ordinairement à couper les asperges. Les griffes d'asperge se placent à trente ou quarante centimètres, et l'on a soin de remplacer, au printemps suivant, toutes celles qui manquent. Lorsqu'on commence à couper, on doit avoir soin de ménager les sujets, en laissant pousser les plants trop faibles. Pour le même motif, il ne faut pas couper trop tard dans la saison. Avec de sages précautions, si l'on a établi ses asperges sur un bon sol, elles peuvent donner des produits pendant quinze ans. Les asperges de Strasbourg, de Hollande, de Besançon, jouissent d'une bonne réputation. Quelques-uns conseillent, pour avoir des asperges d'un gros volume, de couvrir la partie qui sort du sol d'un tube fixé en terre par trois fils de fer et percé de trous au tiers de sa hauteur ; ce procédé aide au développement de la tige, qui devient beaucoup plus belle et plus tendre.

Chou, Chou-Rave, Persil, Cerfeuil.

Chou. — On en distingue plusieurs races principales, savoir :

Les choux cabus ou pommés, les choux de Milan

pommés, généralement d'un vert foncé; les choux verts ou sans tête, qui peuvent durer trois ans et plus; ceux à racine ou à tige charnue; enfin les choux-fleurs.

Chou pommé ou *cabus*. — Les variétés principales de ce chou, suivant l'ordre de leur précocité, sont : le *chou d'York*, à petite pomme allongée, très-précoce et très-estimé; le *gros chou d'York*, dont la tête acquiert plus de volume et se forme un peu moins vite; le *chou hâtif, en pain de sucre*; le *chou cœur-de-bœuf.*

Gros chou cabus blanc, ou *chou pommé*. — Celui-ci offre le plus grand nombre de variétés; voici les meilleures et les plus généralement connues : *chou de Saint-Denis, ou chou blanc de Bonneuil; chou cabus d'Alsace; chou conique de Poméranie; gros chou d'Allemagne, ou chou quintal; chou de Hollande à pied court*, de moyenne grosseur; *gros chou cabus de Hollande; chou verni* ou *glacé.*

Chou pommé rouge. — Le chou rouge est regardé comme très-pectoral, et fréquemment employé comme tel en médecine.

Tous les gros choux cabus servent à faire la choucroûte, lorsque leurs pommes sont pleines et serrées.

On sème les choux cabus à plusieurs époques. De la mi-août au commencement de septembre, on sème les choux d'York et les autres petits hâtifs. Ces derniers sont replantés en place en octobre; les grosses espèces peuvent l'être dans le même temps, ou bien repiquées en pépinière, pour être plantées à demeure en février et en mars, à la distance de quarante-deux centimètres pour les petits, de cinquante à soixante centimètres pour les moyens, et d'un mètre pour les gros. Semés à l'époque prescrite ci-dessus, les choux d'York, en terrain hâtif, forment leurs pommes depuis la mi-avril jusqu'en mai, et les autres successivement jusqu'en août. Si l'on sème dans les premiers jours de février, sur couche, à la fin du même mois et au commencement de mars, sur plate-bande terreautée, au pied d'un mur, au midi; dans le courant de mars, en pleine terre, après avoir terreauté; les plantes provenant de ces semis sont mises en place fin de mars et courant d'avril; leur produit succède à celui des semis d'automne, et se prolonge jusqu'en novembre et décembre. On pourrait, à la rigueur, semer les grosses espèces jusqu'en avril, et les petites pour ainsi dire toute l'année; mais il y aurait peu d'avantage, les choux de Milan étant préférables pour les semis tardifs de printemps. Le chou de Poméranie, toutefois, fait exception; la saison que nous venons de nommer paraît être la meilleure pour le semer.

Les choux, en général, et particulièrement les gros choux pommés, demandent une bonne terre, un peu consistante et bien fumée; lorsqu'elle est naturellement fraîche, ils en deviennent plus beaux et plus gros. Pour les semis, la terre doit être plutôt légère que forte, bien ameublie, un peu ombragée; ce dernier point est essentiel pour les semis de printemps et d'été.

Choux verts ou *non pommés.* — On réunit sous cette dénomination plusieurs variétés qui ne forment point de pommes, et dont les unes sont vertes, les autres rougeâtres, violettes, panachées, etc. Ces choux résistent mieux au froid que ceux des autres divisions, et la plupart ne sont bien bons à manger que lorsque la gelée en a attendri les feuilles. On en mange également au printemps les pousses nouvelles avant le développement des fleurs : c'est ce qu'on nomme brocoli-asperge. On ne coupe pas ces choux comme les autres , quand on veut s'en servir ; mais on casse les feuilles à mesure du besoin. Les variétés principales sont : le chou cavalier , grand chou à vache , chou en arbre , qui s'élève jusqu'à deux mètres ; le chou caulet de Flandre , qui ne diffère du chou cavalier que par sa couleur rouge; le chou vert branchu du Poitou.

La plupart des choux verts sont susceptibles de durer accidentellement trois ans et plus; mais on ne peut, en général , en attendre de bons produits que jusques et compris leur seconde année , où ils fleurissent et donnent de la graine.

Tous les choux verts sont d'une culture facile : on pourrait les semer pendant tout le printemps , l'été et l'automne ; mais on le fait le plus ordinairement en mars et en avril, pour qu'ils donnent leur produit pendant l'hiver et à l'entrée du printemps ; et en juillet et en août , afin d'avoir les feuilles en été. On les plante à la distance de quatre-vingt-cinq centimètres ou d'un mètre.

Chou-navet. — Celui-ci produit en terre une racine charnue , semblable à un gros navet oblong. Il résiste aux plus grands froids, et on ne l'arrache qu'au besoin.

Chou-rutabaga, navet de Suède. — Assez semblable au précédent, mais à racine beaucoup plus arrondie, jaunâtre, plus nette, plus prompte à se faire, il mérite la préférence comme légume. Semer clair, en place, depuis la mi-mai jusqu'à la mi-juillet. On peut aussi le transplanter. Il est presque aussi rustique que le chou-navet, et peut être laissé dehors l'hiver.

Persil. — Le persil, dont on distingue plusieurs variétés, le frisé, le nain très-frisé qui monte très-lentement, le persil à larges feuilles, etc., se sème presque pendant toute la belle saison et ne monte à graine que l'année suivante. Pendant l'hiver, on couvre la plante, si l'on veut la préserver des gelées, des neiges, etc., et profiter de ses produits.

Cerfeuil. — Le cerfeuil, comme le persil, se sème à peu près à toutes les époques ; seulement on choisit, selon le moment, une exposition différente. Au printemps, c'est le midi qu'il faut prendre, et pendant l'été, le nord. Les principales variétés, outre la variété connue, sont le cerfeuil frisé et le cerfeuil musqué.

PLANTES MÉDICINALES.

Nous croyons devoir indiquer ici les noms de quelques-unes des plantes médicinales qui peuvent entrer dans un jardin potager, y occuper peu de place, et rendre cependant de grands services.

Emollients. — Guimauve, mauve, lin.
Pectoraux émollients. — Violette, bouillon blanc.
Diurétiques émollients. — Chiendent, pariétaire officinale, bourrache officinale.
Rafraîchissants. — Réglisse, épine-vinette.

Narcotiques. — Jusquiame noire, belladone, ciguë, datura, pavot, morelle noire.

Excitants aromatiques. — Sauge, romarin, lavande, mélisse, marjolaine.

Stomachiques toniques. — Gentiane, petite centaurée, trèfle d'eau, absinthe, camomille romaine.

Dépuratifs. — Bardane, chicorée sauvage, pissenlit, houblon, fumeterre, patience, saponaire, douce-amère.

Antiscorbutiques. — Raifort sauvage, cochéaria, moutarde, cresson.

Purgatifs.— Rhubarbe, concombre sauvage, bryone, ellébore noir, ricin, gratiole.

Astringents. — Rose de Provins, tormentille, bistorte.

FLEURS.

Pour l'établissement d'un jardin où domine la culture des fleurs, on doit : 1° profiter de tout ce que la nature a fait d'elle-même ; 2° il ne faut pas rendre le jardin trop touffu près des habitations, sans le découvrir cependant ; 3° enfin, disent MM. Denis et Rouard, le jardin doit, autant que possible, paraître plus grand qu'il ne l'est réellement. Un jardin d'agrément est presque toujours moitié plus long que large ; il faut tenir compte aussi de l'espace occupé par la maison. Du reste, il vaut mieux avoir peu et bien soigner. Les bosquets d'arbres verts ne doivent pas manquer, non plus qu'un petit bassin ou pièce d'eau. Les allées, qui ne demandent pas de symétrie, seront établies d'après la disposition et l'étendue du sol ; en général, on doit s'appliquer à copier la nature.

Pour le choix des graines destinées à chaque espèce de terre, on doit savoir que les oignons se plaisent mieux sur les sols légers, et les racines sur les terres fortes. Au bas des plates-bandes on met les oignons et les petites fleurs les plus rustiques, c'est-à-dire qui ne gèlent pas et qui viennent à peu près partout, comme les tulipes communes, les narcisses, les jacinthes, les couronnes impériales, etc. Dans le milieu on place le lilas de Perse, les chèvrefeuilles, les genets d'Espagne, et les rosiers de toute espèce. Les grosses fleurs vivaces, comme le lis, les iris d'Allemagne, la valériane grecque, les ancolies, les pivoines, les giroflées jaunes ou musquées, les chrysanthèmes d'automne, la vierge d'or, les phlox, les dahlias, sont semés entre ces arbrisseaux. A côté de la bordure on met des fleurs printanières, telles que des primevères, des marguerites, des violettes, des corbeilles d'or, des perce-neige, etc. On a ensuite, pour la saison d'été, les œillets de poète, d'Espagne, les croix de Jérusalem, les campanules, les juliennes, les digitales, les immortelles, les scabieuses, etc. En troisième lieu, et pour la dernière saison, on plante des amaranthes tricolores, des œillets, des roses d'Inde; des reines-marguerites, des balsamines, des zimnies, des belles de nuit qui restent en fleurs jusqu'aux gelées. La semaille à lieu sur couche, au printemps pour les graines qui lèvent facilement, et à l'automne pour celles d'arbrisseaux dont la levée est plus difficile. On ne repique que des plants assez forts et sur une terre bien ameublie. Les arrosements ne doivent pas être oubliés pendant tout le temps des grandes chaleurs, et l'on doit même répéter l'opération soir et matin. Au lieu de repiquer en pleine terre, on peut aussi mettre en pots, ce qui permet de changer aisément les fleurs de position.

(Barrau, Bentz et J.-A. Chrétien,
de Roville.)

CHAPITRE XI.

Notions sur la plantation, la culture, la greffe et la taille des Arbres fruitiers.

Les arbres fruitiers ne prospèrent ni dans des terrains sableux trop meubles, ni dans les sols argileux, tenaces et froids ; ils se plaisent surtout dans les terres chaudes, sèches ou d'humidité moyenne, et pourvues d'une richesse suffisante. Les terrains marécageux ou très-pierreux ne sont guère propices aux arbres fruitiers.

Exposition et climat.

Une pente légère, dans une exposition abritée, est très-favorable aux arbres fruitiers : ils y peuvent mieux jouir de l'influence de l'air et du soleil ; une pente trop rapide ne leur convient pas. Lorsque les arbres sont situés au midi, leurs fruits mûrissent plus vite, ils deviennent plus doux et plus savoureux.

Les pêchers et les abricotiers exigent une situation chaude, abritée des vents froids. Les climats brumeux, où il règne souvent des vents impétueux, surtout pendant la fleuraison, ne conviennent pas du tout aux arbres à fruits.

Transplantation des arbres.

Lorsqu'on achète de jeunes arbres, il faut tenir surtout à n'en avoir qu'à tige saine et non endommagée. En plantant un arbre d'une belle venue, il réussira presque toujours bien, si on lui donne l'exposition, le sol et les soins convenables; mais un arbre rabougri prospèrera rarement.

N'achetez des plants d'arbres que chez les pépiniéristes connus pour leur probité, et qui garantissent l'exactitude des noms indiqués. En s'adressant à des pépiniéristes obscurs, qui ne présentent aucune garantie, il arrive fréquemment qu'on est trompé.

Il est très-utile de transplanter tous les arbres en général, et les arbres à fruits en particulier, à l'automne plutôt qu'au printemps, pourvu que la place qui leur est destinée ne soit pas exposée aux inondations; où cet inconvénient est à craindre, on est forcé de transplanter au printemps : car si, par malheur, les racines viennent à être submergées avant d'avoir repris, elles pourrissent, et l'arbre périt. Mais que l'on transplante à l'automne chaque fois que cela est possible, on est sûr de gagner une année entière, tout en mettant les arbres à même de résister mieux à la sécheresse. Il est fort avantageux d'ouvrir la fosse destinée au jeune arbre assez longtemps avant la plantation ; on fera très-bien aussi de laisser cette fosse ouverte pendant l'hiver, pour faire subir à la terre l'influence des gelées chaque fois qu'il sera possible.

Il est toujours très-vicieux de planter les arbres trop rapprochés les uns des autres; non-seulement ils se trouvent gênés dans leur croissance, mais encore les fruits perdent en qualité et en beauté : outre cela, le terrain environnant se trouvant trop ombragé, on ne peut rien y récolter.

En établissant un verger, on plante les arbres en carré ou en quinconce : les pommiers et les poiriers à hautes tiges se placent à 12 ou 13 mètres de distance; les noyers et les châtaigniers, de 13 à 15 mètres; les cerisiers à fruits doux, les pruniers, de 5 à 6 mètres; les cerisiers à fruits aigres, les mûriers, les pêchers, les abricotiers, les amandiers, les cognassiers, à 4 ou 5 mètres. Une chose importante est que les arbres soient plantés en lignes droites, parce que le terrain où ils se trouvent est plus facile à cultiver.

La fosse dans laquelle on veut planter l'arbre se fait plus ou moins grande, suivant l'importance du plant et la qualité du sol. Sur bonne terre, on donne à ces fosses 70 centimètres à un mètre de diamètre, et autant de profondeur; sur un sol de mauvaise qualité, on élargit et on creuse davantage, pour remplir cette fosse avec de la bonne terre. Le tuteur, qui doit s'élever au-dessus du sol à une hauteur égale à celle de l'arbre, s'implante droit au milieu de la fosse, de manière que l'extrémité de ce pieu pénètre à 30 centimètres au-dessous des racines du plant; on attache ce dernier au tuteur avec des liens de paille ou d'osier. Pour que le support ne vienne pas à être trop serré contre l'arbre au point de l'endommager, on dispose les liens de manière à ce qu'ils se croisent entre le plant et le tuteur, et prennent la forme du chiffre appelé huit (8).

Ne faire arriver le tuteur que jusque sous la couronne de l'arbre est une mauvaise méthode; le tronc seul se trouvant fixé, la couronne n'a aucun point d'appui pour résister aux coups de vent, qui peuvent facilement la briser ou la mutiler. Il est donc beaucoup plus avantageux de donner au tuteur une hauteur suffisante, pour que la tête de l'arbre puisse être solidement maintenue.

Dès que la fosse est préparée, on opère la taille et l'habillage du sujet que l'on veut planter. A cet effet, on rabat les branches latérales de la couronne, à 16 ou 20 centimètres, en laissant à la branche du milieu une longueur de 30 à 40 centimètres; lorsqu'on plante les arbres en automne, on n'en taille les branches qu'au printemps suivant. Pour l'habillage des racines, on coupe celles des côtés à 30 ou 40 centimètres, de manière que la tranche soit toujours dirigée vers la terre; quant au pivot, on le laisse intact. Moins un arbre a de racines, plus il faut rogner la couronne; car il est fort important, pour la prospérité de l'arbre, que ses racines et ses branches se trouvent en équilibre.

Après avoir opéré l'habillage du jeune arbre, on le plante dans la fosse, puis on le fixe du côté du levant du tuteur, ce qui le met à l'abri de la grêle, celle-ci venant ordinairement de l'occident. Il est nécessaire de bien dégager les racines pour qu'elles ne restent pas entre-croisées, et de poser l'arbre de manière que ses plus fortes racines soient tournées vers l'occident, parce que c'est de ce côté-là que viennent les vents les plus impétueux. La manière de combler la fosse n'est pas indifférente. Après avoir étendu convenablement les racines au fond du trou, on les couvre de bonne terre fine, à hauteur d'une main, en secouant l'arbre plusieurs fois pour que la terre en entoure bien les racines; puis on tasse avec les pieds, et l'on comble avec la terre qui reste, en ménageant une petite butte au pied de l'arbre, vu que le sol s'affaisse plus tard. Lorsque le terrain est très-sec, il est fort utile d'y jeter quelques seaux d'eau; cette précaution est plus nécessaire au printemps qu'en automne. En transplantant un arbre, il ne faut pas l'enterrer plus profondément qu'il ne l'a été dans la pépinière : c'est là un point très-important. Ainsi, la fosse, ayant juste la profondeur à laquelle l'arbre s'est trouvé dans la pépinière, on commence par mettre au fond de ce trou une couche de terre fraîche, qui occupe au moins le sixième de la cavité ; c'est sur cette couche de terre meuble qu'on pose l'arbre, en sorte que, par l'affaissement qu'il subit, il ne dépasse pas la profondeur où il a été d'abord.

Pour les arbres aussi, une certaine alternance est avantageuse. Ainsi, avant de planter un arbre à la place où il s'en est trouvé un autre, il sera toujours convenable d'y cultiver d'abord, pendant quelques années, des graminées ou des légumineuses, et de ne pas faire succéder les uns aux autres des arbres de la même espèce.

S'il survient des gelées en automne ou au printemps, il ne faut pas arracher les jeunes arbres pour les faire voyager ou pour les transplanter, car leurs racines pourraient facilement en souffrir.

Lorsque, pendant l'été, il règne une forte sécheresse, il arrive fréquemment que les arbres nouvellement plantés, qui ont bien repris, laissent tomber leurs feuilles ; dans ce cas, il est nécessaire d'avoir recours à de fréquents arrosages : alors les arbres poussent à la seconde sève.

Soins à donner aux arbres transplantés.

Les arbres transplantés d'après les règles précédentes ont besoin, par la suite, de certains soins.

Pour que l'humidité ait toujours un accès suffisant auprès des racines, il est nécessaire de tenir la terre bien meuble à un rayon d'environ deux mètres autour de l'arbre ; à cet effet, on la retourne tous les ans à l'automne. Pendant l'été, on a soin de détruire les mauvaises herbes qui se présentent. Ces opérations ne sont nécessaires que pour les arbres plantés sur des terrains gazonnés ; elles sont superflues en terres cultivées.

Dans les vergers, il faut éviter la culture des plantes dont les racines pénètrent profondément en terre, et qui peuvent enlever la nourriture aux racines des arbres ; dans cette catégorie se trouvent particulièrement la luzerne, l'esparcette, le trèfle, la chicorée sauvage.

Pour que les arbres plantés sur des terrains non cultivés donnent toujours un produit convenable, il est nécessaire de les fumer quelquefois; mais il est bon de savoir que tout engrais animal récent, appliqué immédiatement sur les racines, est très-nuisible aux arbres : un fumier bien consommé, au contraire, est très-propice. Pour fumer les arbres fruitiers, il est utile de se servir de compost.

Il faut gratter les vieux troncs pour en faire disparaître la mousse, dans laquelle beaucoup d'insectes logent leur nourriture; et l'on doit ratisser avec un balai court les poches de chenilles attachées aux fourches des branches, ou les écraser avec la main couverte d'un gant.　　　*(Z.-A. Schlipf.)*

De la multiplication des arbres fruitiers par la greffe et des principaux modes d'exécution de cette dernière.

La greffe est une portion vivante d'un végétal que l'on unit à un autre végétal avec lequel elle s'identifie et y croît comme sur son pied-mère, lorsque toutefois l'analogie entre les individus ainsi rapprochés est suffisante.

Pour que la greffe réussisse, deux conditions sont indispensables : 1° les vaisseaux séveux du sujet doivent coïncider parfaitement avec ceux de la greffe, c'est-à-dire que les couches les plus jeunes de l'aubier et du liber des deux objets doivent bien correspondre entre elles, car c'est là que se trouvent les canaux séveux; 2° on ne doit pas placer une greffe sur un sujet avec lequel elle n'aurait pas une grande analogie, soit dans la structure, soit dans la composition des sucs, soit même dans la force de végétation. Ainsi, on greffe poirier sur pommier; mais le rosier sur le houx, par exemple, ne pourrait réussir.

La greffe doit s'effectuer par une température assez douce, et il est important de ne rien négliger pour que la plus grande quantité possible de sève arrive vers la partie opérée. Pour cela, on coupe les bourgeons au-dessous des greffes.

On connaît beaucoup de manières de greffer; mais nous ne parlerons que de celles qui sont le plus en usage.

Pour la greffe en fente, on recueille en janvier ou février les scions que l'on veut enter sur d'autres arbres; on les fiche en terre par leur bout inférieur, et on les laisse ainsi jusqu'à ce qu'on veuille les employer. Lors de l'ascension de la sève, on coupe horizontalement, à la hauteur que l'on juge convenable, la branche ou le tronc du sujet que l'on veut greffer; on fait ensuite une ouverture verticale de quatre ou cinq centimètres de profondeur, et c'est dans cette fente que l'on place la greffe. Quant à celle-ci, voici les précautions à prendre : on détache des scions que l'on a détournés un tronçon ayant deux ou trois yeux ; on y laisse une longueur de quatre à six centimètres ; on en taille l'extrémité en biseau, de façon que la partie qui doit être en dehors se trouve plus épaisse que celle que l'on introduit en dedans ; le greffoir sert ensuite à ouvrir la fente du sujet, dans laquelle on place la greffe, en ayant soin de prendre attention à mettre en contact et à faire correspondre entre elles les parties intérieures des peaux des deux objets que l'on unit. Cette opération terminée, on lie, puis on place l'onguent de saint Fiacre ou la cire à greffer.

Telle est la marche à suivre lorsque le sujet est plus gros que la greffe ; mais il peut se faire que tous les deux soient de la même grosseur. Dans ce dernier cas, la taille de la greffe doit avoir la forme d'un coin ; on fend le sujet diamétralement, et on place la greffe toujours de manière que les libers se correspondent ; de cette façon, on peut faire deux ou trois fentes au sujet et avoir plus de chances pour la réussite. Cette dernière méthode se nomme greffe d'ourche ; on l'appelle aussi quelquefois greffe en couronne ; et pour qu'elle réussisse bien, il faut que le sujet soit bien en sève ; mais il n'en est pas de même pour la greffe, car elle se dessécherait. Il faut donc conserver les rameaux au moyen desquels on veut effectuer cette dernière, de façon que la végétation en soit retardée, et qu'elle soit sur le point d'entrer en sève seulement lorsqu'on exécute l'opération. Pour cela, on les met en terre, à l'exposition du nord, jusqu'au moment de greffer.

On greffe aussi en fente à l'automne ; la greffe ne pousse pas, parce que la sève du sujet n'est plus assez abondante, mais elle s'unit au sujet, et se prépare à marcher vigoureusement au printemps suivant.

Sur les sujets trop gros pour qu'on puisse les fendre, on pratique une sorte de greffe en couronne, qui consiste à placer la greffe entre l'écorce et le bois, au moyen d'un petit coin qui a préparé l'ouverture. On taille la greffe en biseau, et on l'enfonce à une profondeur d'environ 4 centimètres, en ayant soin d'appliquer le biseau contre l'aubier du sujet. Si l'écorce s'est fendue, il faut la lier avant de mettre la cire.

Pour greffer en chalumeau ou en flûte, on coupe la tête du sujet à un endroit où l'écorce puisse se séparer facilement ; on la divise en lanières de quelques centimètres que l'on fait retomber sur elles-mêmes ; puis on met à la même place l'écorce de la greffe, que l'on a enlevée avec précaution, de manière qu'elle forme une sorte d'anneau qui doit être muni d'un bouton ou œil. Si cet anneau est trop étroit, on l'ouvre, et l'on remplit l'espace vide par l'écorce du sujet. Les autres soins sont les mêmes que ceux indiqués précédemment.

La greffe en écusson peut avoir lieu de mai en juillet, ou depuis juillet seulement jusqu'à ce que la seconde sève s'arrête. La première est dite à œil poussant, et la seconde à œil dormant. On ne laisse se développer que les bourgeons de la greffe, afin qu'ils soient plus forts. Lorsque l'écusson est repris, on coupe la partie du sujet qui reste au-dessus, en y ménageant, comme le recommande le *Bon Jardinier*, quelques feuilles pour attirer la sève, et lorsque l'écusson marche on supprime tout ce qui reste au-dessus. Pour activer la sève, il n'est pas sans utilité de donner de l'eau au sujet de temps en temps.

Quand on coupe les rameaux dont on veut se servir pour enter en écusson, il est très-important de savoir bien distinguer les yeux les mieux nourris; ils sont ordinairement sur la partie moyenne de la branche; ceux du haut sont ordinairement trop forts, et ceux du bas trop faibles; les feuilles doivent être coupées au milieu de leurs pétioles, afin de ne pas sécher les rameaux.

Lorsqu'on enlève l'écusson, il faut avoir bien soin, avant de le poser, d'ôter le bois qui pourrait y être resté adhérent; si, en effectuant cette opération, on enlève le cœur de l'œil, l'écusson est perdu. Le meilleur moyen de prendre l'écusson sans l'endommager, consiste à enlever une lanière d'écorce tout autour de cet écusson sous lequel on passe ensuite, au moyen du greffoir, un fil qui sépare le bois de l'écorce.

Aussitôt qu'il a été levé, dit Vilmorin, l'écusson doit être mis en place; on coupe l'écorce du sujet en forme de T, on soulève les lèvres avec la spatule du greffoir que l'on coule à droite et à gauche sous l'écorce. Pendant cette opération, dont il est facile de comprendre le but, on tient à la main l'écusson, puis on l'introduit dans la fente, parallèlement au sujet, en appuyant légèrement sur la queue et sur la saillie de l'écusson; celui-ci s'unit plus tard au sujet, par sa face interne.

En coupant la tête du sujet aussitôt après avoir greffé, on peut déterminer l'écusson à œil dormant à pousser avant l'hiver, mais on a à redouter les gelées.

Principes généraux relatifs à la taille des arbres fruitiers.

Dans la taille des arbres on a pour but, non pas précisément d'augmenter la masse des produits, mais de leur faire acquérir les qualités les plus remarquables, soit sous le rapport du volume, soit sous le rapport de la saveur, tout en donnant au végétal la forme qui paraît la plus convenable. La taille consiste donc à retrancher d'un arbre les branches inutiles, soit parce qu'elles sont usées, soit parce qu'elles n'ont aucune bonne qualité ; et à faire en sorte que celles que l'on conserve, aient une longueur proportionnée à leur force et à celle de l'arbre, afin que celui-ci puisse aisément, produire autant de bonnes branches qu'on en a besoin, pour le fruit ou pour l'aspect.

La taille s'effectue assez ordinairement après les plus fortes gelées; on commence assez souvent en décembre ou janvier, pour continuer jusqu'en avril. Les pommiers et les poiriers sont les arbres qui subissent ordinairement les premiers l'opération de la taille, parce qu'ils craignent peu les frimas.

En général, on taille les fruits à pépins pendant la plus mauvaise saison, et les fruits à noyaux en février ou en mars. On taille les pêchers lorsqu'ils sont près de fleurir.

On doit avoir égard, dans la taille, à l'espèce, au mode de végétation et à l'état de santé de l'arbre sur lequel on va opérer, à la place qu'il occupe, et à la forme qu'on a résolu d'y donner. Pour l'espalier, on choisit le cerisier, l'abricotier, le pêcher; le pommier, le poirier et le prunier peuvent venir à peu près partout et sous toutes les formes.

Pour bien exécuter la taille, il est utile de savoir bien connaître les différentes sortes de branches ; on en distingue six : 1° les branches à bois ; 2° les branches à fruits ; 3° les branches d'espérance ; 4° les branches de faux bois ; 5° les branches chiffonnes ; 6° enfin les branches gourmandes.

Selon M. de Chambray, les jardiniers ont tort de distinguer plusieurs espèces de branches à fruit, car il n'y en a qu'une sorte ; seulement elles sont plus ou moins longues. On ferait mal de ne réserver, au moment de la taille, que celles qui sont courtes ou trapues, car parmi les grandes, comme dans le bon-chrétien d'été, par exemple, beaucoup sont à fruit.

On reconnaît les branches à fruit à leurs boutons ronds et

saillants, tandis que les branches à bois n'ont que des yeux ; ces dernières doivent servir à donner à l'arbre la forme qu'on veut qu'il prenne. Les branches disposées horizontalement sont presque toujours les plus fécondes ; les branches d'espérance sont médiocres ; celles de faux bois se trouvent sur les bonnes branches à bois. Les branches chiffonnes sont minces et quelquefois assez longues ; on doit les couper sans exception. Les gourmandes sont de longs jets qui naissent sur les grosses branches.

D'après ce qui précède, on coupe les branches à bois, les chiffonnes et les gourmandes, à moins qu'on n'ait besoin de celles-ci pour remplir les vides. Quant aux branches à bois qui forment la tête de l'arbre, on les coupe depuis dix jusqu'à trente centimètres.

Si quelques branches à fruit sont trop longues et trop faibles, il faut un peu les raccourcir. On se contente de couper l'extrémité des autres, afin que les boutons à fruit profitent mieux ; on laisse peu de bois aux arbres faibles, les grosses branches étant les seules qui portent.

On taille les arbres vigoureux fort long, et, lorsqu'on n'a pas de fruits malgré cette précaution, on coupe alors le vieux bois, si c'est un jeune arbre. Si au contraire c'est un vieux sujet, on le laisse aller, ou bien on retranche une ou deux des plus grosses racines. L'année suivante, la sève est plus modérée.

Pour mieux former les branches d'un arbre, disent Denis et Rouard, on doit, en général, le tailler avant les deux premières années. On taille ensuite plus long lorsque le végétal pousse trop en bois, ou même on ne taille plus ; quand les branches sont très-chargées de bon bois, on en retranche une partie, selon leur force et leur longueur. Les espaliers doivent être taillés plutôt trop courts que trop longs.

Les arbres greffés sur cognassier se taillent plus courts que ceux qui sont greffés sur francs, parce que ces derniers poussent plus de bois et qu'il faut les faire tourner à fruit, tandis que pour les autres on doit favoriser la croissance du bois. Si les branches s'éloignent trop, on taille de façon à les rapprocher, en ménageant des yeux du côté des vides.

Selon le terrain, les arbres nains sont traités différemment. Dans une terre forte, on les tient plus ouverts que dans un sol siliceux, et, s'il s'agit d'arbres à fruits d'hiver, on ouvre davantage dans le milieu que pour ceux qui donnent des fruits d'été.

Lorsqu'on veut enlever une branche entièrement, il faut la

couper tout près de la tige. Par ce moyen, les plaies se recouvrent plus vite. On doit avoir soin aussi de ne laisser croître aucune racine au collet de l'arbre.

D'après la méthode Dalbret, c'est la forme carrée qu'il faut préférer pour le pêcher, car on évite ainsi les vides qui se produisent de chaque côté de l'arbre, et ce dernier finit par couvrir entièrement le mur contre lequel il est placé lorsqu'il est mis en espalier.

Pour bien conduire un pêcher, il faut, dit le *Bon Jardinier*, savoir : 1° que tous les boutons à bois de cet arbre forment des branches ; 2° que les branches supérieures sont celles vers lesquelles la sève est surtout disposée à se porter ; 3° si une branche l'emporte sur une autre, on laisse la plus faible croître en liberté, et on pince la première une ou deux fois ; 4° pour obtenir des branches de remplacement, on favorise le développement du bouton à bois placé au bas des branches à fruits, 5° on ne doit ouvrir les branches à 45 degrés qu'à la 5ᵉ ou 6ᵉ année ; 6° par une taille convenable, on peut éviter les effets de la distinction des branches à bois et des branches à fruits, et il faut préférer l'ébourgeonnement à œil poussant à l'ébourgeonnement sec.

Examinons maintenant ce qu'il convient de faire successivement, à partir de l'instant où l'arbre peut être taillé. La première année, on laisse ce qu'il faut de bonnes branches, et on les coupe au second ou au troisième œil, selon leur force. On rabat la partie morte de la tige jusqu'à la première branche qui a poussé. Dans le cas où les branches de la première année seraient trop faibles, on les couperait assez près de la tige pour ne laisser qu'un œil.

S'il n'y avait qu'une branche à la partie supérieure de l'arbre, il faudrait la couper pour qu'il en poussât d'autres l'année suivante. En supposant qu'il y eût deux branches, dont l'une seulement serait bien placée, il faudrait les couper toutes les deux. Cependant, si elles étaient du même côté, on pourrait tailler celle d'en haut à trois ou quatre yeux, et couper celle d'en bas près de la tige, pour avoir deux branches à fruits ; mais si la branche de dessous était plus grosse que celle de dessus, on ôterait cette dernière, on taillerait l'autre à trois ou quatre yeux, puis on couperait la tige près de la branche conservée. On doit le moins possible couper de branches à un arbre dans l'intervalle d'une taille à l'autre. On agit pour un arbre recépé comme pour un jeune.

C'est dès la seconde année que l'on commence à distinguer les branches à bois de celles à fruits : ces dernières doivent surtout remplir le même rôle que les précédentes, si la végétation est très-active. La troisième année, on s'occupe à disposer l'arbre à rapporter du fruit; s'il est productif, il donnera peu de bois. Lorsqu'un arbre est placé dans des circonstances très-favorables à sa végétation, il est assez difficile de distinguer chaque espèce de branches dans la multitude qui pousse. On doit conserver les meilleures branches à bois, ôter les branches à fruits les plus faibles s'il y en a trop, et couper toutes les chiffonnes.

(Bentz et Chrétien, de Roville.)

Maintenant que nous avons exposé les principes fondamentaux pour la taille des arbres fruitiers en général, nous allons entrer dans quelques détails relativement à leur conduite en espalier.

Il faut tailler et conduire les arbres à fruits conformément à leur manière naturelle de végéter; hors de ce principe, il n'y a qu'empirisme et routine; quiconque s'en écarte ne peut tailler et conduire des arbres à fruits : il ne peut que les mutiler.

L'application de ce principe diffère essentiellement pour les deux séries d'arbres fruitiers, en raison des différences radicales de leur mode de végétation, les productions fruitières étant beaucoup plus lentes à se former chez les arbres à fruits à pepins que chez ceux à fruits à noyau, les plus difficiles de tous à bien gouverner.

Taille et conduite du pêcher. — Comment se comporte un pêcher livré à lui-même, abandonné au cours naturel de sa végétation ? C'est la première chose qu'il faut connaître avant de songer à le tailler.

On connaît sous le nom de *pêche de vigne* une pêche blanche, à peau très-chargée de duvet, d'une forme un peu allongée, d'une saveur en même temps âpre et acide. L'arbre qui produit cette pêche ne se cultive pas en espalier; on le plante, ou plutôt il naît accidentellement dans les vignes par le semis naturel des noyaux de ses fruits tombés, qu'on a négligé de ramasser. Cet arbre n'est jamais taillé; on l'abandonne complétement à lui-même, et voici de quelle manière il végète. A l'âge de quatre ou cinq ans, quelquefois plus tôt, ses branches, qui d'abord n'avaient porté que des yeux à bois, produisent un certain nombre de jeunes pousses annuelles, parmi lesquelles il s'en trouve qui donnent des fleurs suivies de quelques fruits. Les branches d'un an qui ont ainsi porté fruit une fois n'en donnent plus jamais, quelle que puisse être la durée de leur existence; elles font naître seulement des bourgeons qui donneront eux-mêmes des fleurs, peut-être des fruits, mais une fois sans plus. On voit en outre que, la sève se portant naturellement vers le sommet de l'arbre, celui-ci est au bout de quelques années couronné d'un bouquet de rameaux plus ou moins productifs, tandis que ses branches sont devenues par le bas semblables à des manches de balai : telle est la marche invariable de la végétation du pêcher, jusqu'à ce qu'il meure d'accident ou d'épuisement. Plantez en espalier le long d'un mur un pêcher greffé n'importe de quelle espèce, il se comportera exactement comme le pêcher de vigne ; en peu d'années il atteindra le haut du mur, qu'il couvrira d'une végétation surabondante : le bas de l'espalier sera nu et dégarni, toute la sève s'étant portée à la partie supérieure.

D'après ces données, quel doit être le but de la taille et de la conduite du pêcher? Empêcher l'arbre en espalier de se dégarnir du bas, retenir la sève dans les rameaux inférieurs, forcer le pêcher à produire dans toutes ses parties de jeunes rameaux annuels sans cesse renouvelés, qui assurent au jardinier, pour prix de ses soins, une suite non interrompue de récoltes abondantes. La disposition naturelle à combattre dans le pêcher étant bien connue, ainsi que le résultat auquel on veut arriver en le soumettant à la taille, cette opération n'offre plus rien d'incertain, ni même de bien difficile ; le jardinier sait et voit clairement dans cette partie de ses travaux d'où il vient et où il va. Tous les ans, il taille de jeunes branches qui ont porté fruit, au-dessus d'un bon œil à bois de leur partie inférieure ; cet œil devient au printemps suivant un bourgeon destiné à porter fruit. Les branches qui portent ces bourgeons se nomment *coursons* ou *branches coursonnes ;* leur taille rationnelle est le point délicat de toute la taille annuelle du pêcher.

Nous voici maintenant en présence d'un jeune pêcher de deux ans de greffe, que nous supposerons pourvu de bonnes racines et planté au pied d'un mur, dans les meilleures conditions. On commence par le rabattre sur deux bons yeux, un de chaque côté, aussi exactement que possible, l'un vis-à-vis de l'autre. Ces yeux donnent chacun un bourgeon qui, dans le courant de l'année, devient un rameau plus ou moins vigoureux ; si le jardinier laissait aller ces rameaux sans les tailler, ils pousseraient exactement comme le pêcher de vigne. Mais, après avoir pris en considération toutes les circonstances qui peuvent influer sur sa détermination, le jardinier arrête dans sa pensée la forme sous laquelle il juge à propos de *conduire* le jeune arbre, et il le taille en conséquence. Avant de donner au pêcher sa première taille, M. Lelieur veut qu'on se le représente tel qu'il sera quand il aura pris toute sa croissance, et que la forme qu'il doit avoir soit dessinée sur le mur, afin que le jardinier n'ait plus qu'à s'y conformer rigoureusement, selon un plan tout tracé, au fur et à mesure du développement des branches du pêcher.

Suivons-le dans ce travail pour donner au pêcher l'une des formes les plus usitées, celles du V ouvert. On n'incline pas les bourgeons appelés à former les deux premières branches mères du pêcher, tant qu'elles sont à l'état herbacé ; on se contente de les palisser dans leur position naturelle. Vers la fin de juillet, elles ont acquis assez de consistance pour qu'il soit possible de les écarter sans risquer de les rompre ; on les dispose alors le plus régulièrement possible, et la forme en V ouvert est commencée. Dès cette première année, le jardinier a dû se préoccuper d'un soin qu'il devra continuer à prendre assidûment pendant toute la croissance de l'arbre ; il a dû veiller à maintenir entre les deux côtés de l'arbre le plus parfait équilibre de la végétation. Si l'une des deux branches tend à l'emporter sur l'autre, il arrête la plus forte en pinçant son extrémité, et il la tient fixée sur le treillage de l'espalier ; la plus faible est dépalissée et attirée en avant du mur, ce qui ne tarde pas à rétablir l'égalité entre elles. Le pincement et le palissage ou le dépalissage des branches permettront au jardinier de forcer la sève à se répartir également entre toutes les parties de l'arbre, pendant toute la durée de sa croissance.

Le voici parvenu à sa seconde année. Au printemps, les deux branches mères sont taillées à une longueur qui varie selon la vigueur de l'arbre, l'espèce à laquelle il appartient et l'espace qu'il est appelé à couvrir. La taille fait développer sur chacune d'elles deux bourgeons qui deviennent les membres inférieurs du pêcher. On les palisse en les écartant de plus en plus, le milieu de l'arbre restant complétement vide. Si on y laissait se développer prématurément des branches droites, ou seulement trop rapprochées de la verticale, ces branches attireraient à elles la sève avec tant d'énergie, qu'il deviendrait impossible de former la charpente inférieure de l'arbre ; les branches du bas se dégarniraient et finiraient par périr. La troisième année, la taille plus ou moins longue des quatre branches établies l'année précédente donne lieu à une nouvelle bifurcation : l'arbre est alors tout formé : il n'y a qu'à le laisser grandir en taillant, comme on l'a exposé ci-dessus, les *branches coursonnes* développées tout le long de chacune des branches principales et de leurs ramifications. Chez un jeune arbre bien conduit, les coursons se trouvent distribués avec tant de régularité, que les bourgeons annuels ou branches à fruit proprement dites, lorsqu'elles sont palissées, représentent une *arête de poisson ;* c'est en effet le nom que les jardiniers de Montreuil donnent à ce genre de palissage.

Le pêcher, dans toute sa vigueur, émet toujours sur ses rameaux d'un ou de deux ans des bourgeons inutiles à la conduite, quelle que soit la forme adoptée ; il vaut mieux supprimer ces bourgeons alors qu'ils sont à l'état d'yeux à bois à peine ouverts, que d'avoir plus tard à les tailler lorsqu'ils auront absorbé en pure perte une partie de la sève. Ce retranchement des yeux inutiles peu développés constitue l'*ébourgeonnement.*

En pratiquant judicieusement, selon les principes qui viennent d'être énoncés, la *taille,* le *pincement* et l'*ébourgeonnement,* le jardinier intelligent peut conduire ses pêchers sous toute espèce de forme, et les maintenir pendant de longues années vigoureux et productifs.

Formes diverses du pêcher en espalier. — En décrivant la forme en V ouvert, nous avons exposé les principes d'après lesquels doit être conduit le pêcher en espalier sous ses diverses formes. Les plus usitées sont, outre la forme en V ouvert, les formes *carrée,* à la *Dumoustier,* en *palmette double* et en *palmette simple,* droite ou inclinée.

La *forme carrée* ne diffère de la forme en V ouvert, par laquelle on la commence, que parce que l'intérieur du V est promptement rempli de branches productives chez le pêcher carré, tandis que, chez le pêcher en V ouvert, il reste longtemps entre les deux parties de l'arbre un vide considérable sur l'espalier. Les jardiniers de profession adoptent volontiers par ce motif la forme carrée pour leurs pêchers, malgré les inconvénients qui résultent de la position trop redressée des branches intérieures, parce que cette forme permet d'utiliser, pour la production des pêches, toute la surface de l'espalier.

La forme *à la Dumoustier,* de même que la forme carrée, se commence par le V ouvert ; elle n'en diffère essentiellement que par le très-grand écartement donné aux branches mères. Cette forme ne convient qu'aux pêchers des espèces les plus vigoureuses ; elle permet de couvrir avec un seul arbre un très-grand espace et d'avoir avec le temps des pêchers immenses offrant un coup d'œil magnifique. Mais c'est un inconvénient plutôt qu'un avantage ; car les espaliers sont exposés à rester nus sur de vastes surfaces, s'il arrive à l'un de ces arbres géants de perdre une de leurs branches mères par accident ou par maladie.

La forme *en palmette double* se commence aussi comme la forme en V ouvert, par deux bourgeons en regard l'un de l'autre; mais, au lieu de les écarter pour former le V, on les laisse monter droits et parallèles, et on provoque par la taille de chaque année la formation de cordons horizontaux en nombre égal de chaque côté, sur lesquels sont distribuées les branches coursonnes. Le même système est appliqué à la *palmette simple*, formée d'un tronc droit et de cordons horizontaux; seulement la première taille, au lieu de provoquer le développement de deux bourgeons, n'en a laissé subsister qu'un, devenu la tige de la palmette simple.

Dans le midi de la France, où la culture du pêcher est traitée fort en grand comme arbre de plein vent à haute tige, le pêcher n'est jamais taillé, si ce n'est pour le débarrasser du bois mort; il pousse du reste à sa fantaisie. Sous le climat de Paris, le pêcher ne donne de bons fruits qu'en espalier; l'on ne peut obtenir des arbres en plein vent que des *pêches de vigne* qui n'ont aucune valeur. Il n'y a d'exception à faire qu'à l'égard du *pêcher d'Egypte*, variété encore peu répandue dans les jardins du centre et du nord de la France; on en obtient en plein vent et en pyramide des fruits comparables à quelques-unes des pêches communes récoltées sur des arbres en espalier.

Taille et conduite de la vigne en espalier. — Quoiqu'il y ait peu d'analogie entre le fruit de la vigne et celui du pêcher, il y en a une des plus frappantes entre leurs modes de végétation. Comme le pêcher, la vigne livrée à elle-même porte toute sa sève vers le sommet de ses rameaux, désignés sous le nom de *sarments;* comme les rameaux du pêcher, les sarments de la vigne ne portent fruit qu'une seule fois, et il faut, pour assurer la continuité de la production du raisin, ménager par la taille des bourgeons productifs. Le principe qui préside à la taille de la vigne est donc exactement le même que celui qui préside à la taille du pêcher; le jardinier qui comprend et pratique avec discernement la taille du pêcher réussira de même dans la taille de la vigne, et réciproquement.

L'œil de la vigne nommé *bourre* en raison d'une sorte de duvet d'un brun roux dont il est recouvert renferme à la fois le raisin et le sarment qui doit le porter. Dans une jeune vigne récemment plantée, la bourre ne donne que du bois;

ses premiers sarments ne portent pas de fruits. Sous quelque forme qu'on la conduise, il ne faut pas, pendant les deux ou trois premières années, vouloir qu'elle prenne un trop rapide accroissement ; dès que ses sarments commencent à donner du raisin, il ne faut pas non plus lui en laisser une trop grande quantité, ce qui compromettrait son avenir : une taille courte, qui ne lui permet de s'allonger que modérément chaque année, assure la durée d'une jeune vigne et permet, une fois qu'elle s'est mise à fruit, d'en obtenir des récoltes régulières pendant un temps indéterminé ; car la vigne bien gouvernée peut vivre des siècles.

La forme la plus usitée et la plus avantageuse pour la conduite de la vigne est celle de cordons horizontaux d'égale longueur des deux côtés de la tige principale. Pour les établir, après avoir fait arriver peu à peu le cep de vigne à la hauteur voulue, on le taille sur deux yeux, dont chacun donne naissance à un sarment qui devient l'origine d'un cordon. A la taille, on laisse à ce cordon un nombre d'yeux proportionné à sa vigueur, et on continue à le prolonger chaque année jusqu'à ce que les cordons aient atteint la longueur à laquelle ils doivent être arrêtés. Dans cet intervalle, les bourres ménagées le long des cordons, à des intervalles aussi égaux que possible, ont produit des sarments qui sont devenus des *coursons*, et qu'on taille tous les ans sur un ou deux yeux, afin d'en obtenir des sarments productifs. Au mois de juillet, quand le raisin est bien formé, la partie supérieure des sarments est retranchée à trois ou quatre nœuds au-dessus des grappes ; on concentre ainsi toute la sève sur celles-ci, et on la fait tourner au profit du raisin. Les sarments contenus par cette taille d'été et par le pincement ultérieur de leurs prolongements mûrissent parfaitement leur bois, ce qui profite également au raisin et aux bourres sur lesquelles le sarment devra être taillé.

Tels sont les principes très-simples qui règlent la taille et la conduite de la vigne en espalier sous forme de cordons horizontaux. Lorsqu'un espalier est consacré exclusivement à cette culture, on ajuste les cordons de vigne d'étage en étage, de sorte que pas un centimètre carré de la surface du mur n'est perdu pour la production du raisin. Le plus souvent, lorsque le mur garni d'arbres en espalier est suffisamment élevé, on fait courir au-dessus de ces arbres un cordon de vignes plantées de distance en distance. Quand on dispose des deux côtés du mur, on peut planter les ceps de vigne du côté opposé à celui que couvrent les arbres, et dans ce cas

8*

les ceps traversent, pour se trouver palissés à bonne exposition, des trous pratiqués dans le mur pour leur livrer passage. Les cordons de vigne qui courent au-dessus des arbres fruitiers en espalier ne doivent pas être à moins de $0^m,40$ au-dessous du sommet du mur, afin que le raisin qui naîtra sur leurs coursons palissés au-dessus des cordons puisse profiter de la chaleur reflétée par le haut de la muraille; si les cordons étaient établis trop haut, les grappes, au lieu de profiter de la protection de l'espalier, seraient exposées à l'action des vents dans toutes les directions.

Sous le climat de Paris, et à plus forte raison sous celui des départements situés au nord de la vallée de la Seine, l'un des obstacles à la parfaite maturité du raisin des vignes en espalier, surtout dans des terrains frais et très-fertiles, c'est que les grains de raisin sont si nombreux dans les grappes, que celles-ci sont serrées et compactes au point que ni l'air ni la lumière ne peuvent pénétrer dans leur intérieur. Les amateurs de bon raisin ne doivent pas hésiter à s'armer d'une paire de ciseaux fins à l'époque où les grains du raisin sont devenus de la grosseur d'un pois, et à retrancher un bon tiers des grains de chaque grappe. Ils n'y perdront rien quant au poids de la récolte, car les grains conservés augmenteront de volume en raison de la suppression de leurs voisins; ils y gagneront de récolter du raisin au lieu de verjus.

Taille et conduite du prunier, de l'abricotier, du cerisier. — Ces trois arbres à fruits à noyau sont plus cultivés en plein vent qu'en espalier; l'abricotier seul tient souvent sur les murs à bonne exposition une place importante; tous trois, du reste, donnent en espalier d'excellents produits, et s'ils s'y rencontrent rarement, c'est uniquement parce que, pouvant fructifier en plein vent, il est rationnel de les cultiver sous cette forme et de réserver pour l'espalier les arbres à fruits qui, comme le pêcher et la vigne, ne mûrissent parfaitement leur fruit que le long d'un mur à une exposition méridionale.

Chez le prunier livré à lui-même, les pousses annuelles ne portent que des yeux à bois; les boutons à fruit ne se montrent que sur le bois de deux ans. La taille doit donc avoir pour but de ménager sur les arbres le plus possible de bois de deux ans. Chez le prunier en plein vent, il suffit, après l'avoir greffé à haute tige, de l'établir sur trois ou quatre bonnes branches formant une tête régulière, et de retrancher une partie des pousses annuelles, pour que les productions fruitières soient toujours en nombre surabondant. C'est un arbre qu'il convient de tailler très-sobrement, et dont la conduite en plein vent n'offre aucune difficulté. Pour le prunier en espalier, la forme la meilleure est celle qu'on nomme *en éventail*, établie sur cinq ou six branches principales à égales distances, disposées comme les rayons d'un éventail; on a soin de former les branches inférieures les premières, et de ne laisser croître les autres que successivement, quand les premières sont assez fortes pour que celles du milieu de l'éventail ne puissent pas détourner toute la sève à leur profit.

L'abricotier livré à lui-même porte sur ses rameaux d'un an des yeux à bois et des boutons à fruit; ces rameaux n'emploient pas deux ans pour se mettre à fruit comme ceux du premier : c'est le trait distinctif de leur mode de végétation. A la taille, il faut donc toujours ménager autant que possible les pousses de l'année précédente, qui doivent porter l'espoir de la récolte. Sous quelque forme qu'on le conduise, l'abricotier est difficile à maintenir avec une régularité parfaite; c'est celui des arbres à fruits à noyau qui est le plus sujet à perdre de grosses branches par mort subite ou par paralysie, ce qui dérange l'harmonie qu'on a cherché à établir dans ses différentes parties par une taille rationnelle. Les abricotiers en plein vent se forment sur trois ou quatre branches, comme le prunier.

Le cerisier, livré au cours naturel de sa végétation, prend une forme régulière sans le secours de la taille; seulement, s'il était abandonné à lui-même, il s'établirait sur une seule tige principale, et prendrait une élévation qui rendrait difficile la récolte des cerises. On l'établit donc par la taille sur trois bonnes branches, comme le prunier et l'abricotier, après quoi on le laisse aller; la taille annuelle se borne au retranchement des branches qui font confusion ; pendant les premières années, on raccourcit modérément les pousses annuelles. Les bourgeons du cerisier, comme ceux du prunier, ne portent la première année que des yeux à bois et se mettent à fruit la seconde année.

Lorsqu'on plante en espalier un cerisier d'espèce précoce pour en obtenir des fruits mûrs de très-bonne heure, la meilleure forme sous laquelle on puisse le conduire est celle de palmette simple avec des cordons horizontaux peu éloignés les uns des autres ; il s'y prête d'ailleurs avec une parfaite docilité.

Taille et conduite des arbres à fruits à pepins. — Les fruits à pepins sont les plus précieux de tous ceux qu'il est possible d'obtenir sous le climat européen. Les arbres qui les produisent durent longtemps et conservent jusqu'à un âge très-avancé leur faculté productive; ils tiennent pour cette raison le premier rang dans le jardin fruitier. Nous prendrons une idée exacte des principes de la taille de ces arbres en examinant, comme nous l'avons fait pour les arbres à fruits à noyau, leur mode naturel de végétation et la manière dont ils se comportent lorsqu'on les laisse pousser sans les tailler ni les conduire.

Le poirier est, sans contestation, le premier de tous les arbres fruitiers d'Europe : c'est donc sur lui que porteront principalement nos observations. Prenons sur un poirier en pleine croissance une branche de l'année, sortie au printemps d'un œil à bois. Nous la voyons, quelle que soit sa longueur, couverte exclusivement d'yeux à bois; chacun de ces yeux est né dans l'aisselle d'une feuille. L'année suivante, ne touchons pas à cette branche, nous verrons tous ces yeux s'ouvrir; les plus rapprochés de l'extrémité donneront seuls des rameaux qui, dans le cours de l'année, prendront plus ou moins de prolongement; le bourgeon terminal seul se développera en un rameau semblable à celui sur lequel ont porté nos observations de la première année. Quant aux autres yeux, plus éloignés du terminal, nous les verrons entourés d'un cercle de feuilles, dont les fonctions sont de retenir une partie de la sève au profit de ces yeux, destinés à devenir plus tard des boutons à fruit. La troisième année, nous remarquerons un nouveau prolongement du bourgeon terminal, de nouveaux bourgeons latéraux nés des yeux les plus rapprochés du terminal, et une nouvelle série d'yeux entourés de feuilles, en train de devenir des boutons à fruits. Les trois ans écoulés, pas un de ces derniers boutons ne sera prêt à fleurir; plusieurs années passeront encore avant que cette branche, âgée de trois ans, montre sa première fleur avec chance de donner son premier fruit.

Voilà comment se comporte le poirier qu'on s'abstient de tailler. L'observation de ces faits montre quel doit être le but de la taille et à quel penchant naturel de l'arbre cette opération doit remédier. Pour mieux saisir les effets de la taille, nous répéterons les observations qui précèdent sur une branche de poirier soumise à une taille rationnelle. La première année, le bourgeon qui formait à lui seul cette branche a été plus ou moins raccourci, selon la vigueur propre à son espèce et le tempérament de l'arbre auquel il appartient. Cette taille, en empêchant la sève de s'éparpiller entre un trop grand nombre d'yeux, en aura fait ouvrir seulement quelques-uns, dont le plus rapproché de la coupe formera le prolongement de la branche; ceux du bas, mieux nourris par suite de la même taille, auront déjà fait des progrès sensibles vers leur conversion en boutons à fruits, progrès manifestés par le nombre plus considérable de feuilles dont ils seront entourés. L'année suivante, le même raccourcissement de la pousse terminale produira un effet analogue; les bourgeons latéraux raccourcis eux-mêmes, ou supprimés s'ils sont superflus, assureront à la branche, dans un avenir prochain, une ample provision de productions fruitières; enfin, dès la troisième année, les yeux du bas de la branche, que nous avons d'abord observés à l'état d'yeux à bois accompagnés d'une seule feuille chacun, seront des yeux à fruit, prêts à fleurir. La comparaison entre la branche livrée à elle-même et la branche taillée rend très-clairement compte des effets de la taille, tels que nous venons de les décrire. Ce qui précède contient les règles de la taille du poirier, sous quelque forme qu'il soit conduit.

Les trois formes usitées pour la conduite du proirier en espalier sont l'*éventail*, la *palmette simple* et la *palmette double*; dans le jardinage moderne, cette dernière est la plus usitée.

On ne doit élever en plein vent que les poiriers dont le fruit adhère fortement à son pétiole, sans quoi les vents font tomber les poires aux approches de leur maturité, et elles s'écrasent en tombant sur le sol. L'une des formes les plus usitées pour le poirier, c'est la pyramide; elle offre pour le fruit les avantages du plein vent, quant à l'air et à la lumière; elle n'en a pas les inconvénients, en raison de sa moindre élévation, surtout lorsqu'on a soin de contenir les arbres dans le sens de la hauteur, en favorisant le développement de leurs branches latérales inférieures.

C'est un vrai chef-d'œuvre de l'art du jardinier qu'un beau poirier bien conduit en pyramide sous de belles proportions. Lorsqu'on plante un jeune poirier d'un an de greffe pour en faire une pyramide, sa pousse unique est absolument semblable au bourgeon d'un an de la branche que nous avons observée pour en étudier la taille; c'est le produit de la végétation de l'année précédente; il est la base de la pyramide. A la chute des feuilles, on le taille à $0^m,40$ ou $0^m,50$ au-dessus de l'insertion de la greffe, pour faire naître au-dessous de la taille des bourgeons dont le plus fort sera le prolongement de la tige ou *flèche*; les autres deviendront les bras inférieurs de la charpente de la pyramide. On supprime ceux qui ne sont pas nécessaires à la formation de ces bras; on choisit ceux qui doivent être maintenus, en ayant égard à ce principe, que, sur le tronc de l'arbre tout formé en pyramide, des branches devront se trouver espacées entre elles à 0ᵐ,25, et disposées en spirale aussi régulièrement que possible. Cet arrangement n'est point arbitraire, et n'a pas seulement pour but la beauté du coup d'œil; il est le plus favorable à la bonne distribution de l'air et de la lumière à toutes les parties de l'arbre en pyramide.

A l'âge de sept ou huit ans, un poirier en pyramide bien formé et bien dirigé est en plein rapport; il s'y maintient pendant trente ou trente-cinq ans, et, dans les très-bons terrains, pendant plus d'un demi-siècle.

Les principes de la taille du pommier sont les mêmes que ceux de la taille du poirier, c'est-à-dire que, si nous reprenions l'observation d'une branche de pommier non taillée et d'une branche semblable soumise à une taille régulière, nous verrions s'y manifester les mêmes phénomènes de végétation que nous avons signalés sur deux branches de poirier. La conduite de ces arbres en plein vent et en pyramide est la même sous tous les rapports; seulement, les grands poiriers en plein vent, dont le bois est plus solide et moins souple que celui du pommier, n'ont pas besoin aussi souvent que les pommiers d'être débarrassés des branches superflues. Après chaque récolte un peu abondante, le pommier, dont le bois est plus flexible que celui du poirier, ayant fléchi sous le poids de ses pommes, garde une forme plus ramassée et moins élancée que celle du poirier; il a besoin de temps à autre d'être élagué pour que l'air et la lumière pénètrent sans obstacle dans toutes les parties de sa tête naturellement arrondie.

On obtient des pommiers nains en les greffant sur des sujets d'une espèce particulière qu'on nomme *paradis*. Les pommiers greffés sur paradis, ou, comme on dit par abréviation, les *pommiers paradis*, ne vivent pas longtemps et se maintiennent d'eux-mêmes sous de petites dimensions; mais ils se mettent immédiatement à fruit, et, tant qu'ils durent, ils sont très-productifs : rien n'est plus commode pour les petits jardins que ces pommiers en miniature qui portent les plus belles pommes de chaque espèce.

Un autre genre de sujet qu'on nomme *doucin*, propre à la greffe de toutes les espèces de pommiers, forme des arbres en pyramides faciles à contenir dans des dimensions moyennes. Les grands pommiers pour plein vent ne se greffent que sur *franc*, c'est-à-dire sur des sujets obtenus par le semis de leurs pépins; ces sujets sont également connus sous le nom d'*égrains*.

Le poirier se greffe habituellement soit sur *franc*, c'est-à-dire sur des poiriers obtenus de semis de pepins, soit sur cognassier. Les poiriers sur franc sont les plus forts et les plus durables; les poiriers sur coguassier sont moins vigoureux et vivent moins longtemps, mais ils se mettent plus promptement à fruit. Dans le midi de la France, le cormier, le sorbier et les forts pieds d'aubépine reçoivent avec succès la greffe du poirier. On a essayé de greffer le poirier et le pommier l'un sur l'autre; malgré la grande analogie de ces deux arbres, ces greffes, qui semblent très-bien prendre l'une sur l'autre, se détachent au plus tard au bout de trois ou quatre ans.

On voit qu'il manque pour le poirier un genre de sujet qui permette de l'élever à l'état nain et qui soit pour lui ce que les sujets de paradis sont pour le pommier. Les jardiniers obtiennent cependant des poiriers nains, mais d'une façon tout artificielle, par la taille des racines.

Taille des racines du poirier. — Il arrive quelquefois qu'une racine de poirier, par une cause accidentelle que le jardinier n'aperçoit pas, *s'emporte*, comme le ferait sur l'arbre une *branche gourmande;* quelquefois aussi, toutes les racines prennent un accroissement hors de proportion avec les dimensions du poirier. Alors, la végétation de l'arbre subit une grave perturbation; il pousse une multitude de rameaux stériles et l'arbre ne peut être mis à fruit. Dans ce cas, qui se présente rarement chez les poiriers plantés et soignés par un jardinier intelligent, on déchausse avec précaution le pied de l'arbre peu de temps après la chute complète de ses feuilles, afin de mettre à découvert la naissance des racines, dont on retranche une ou plusieurs, selon l'intensité du mal auquel on cherche à remédier : ce moyen réussit ordinairement.

La taille des racines se pratique d'une autre manière sur le poirier, dans un tout autre but. Des sujets greffés sur coguassier et préparés par la taille pour former des pyramides sont levés de terre à l'entrée de l'hiver et privés de toutes leurs racines, dont on ne laisse subsister que les tronçons ou *moignons* attenant au tronc de l'arbre; tous les ans, on répète la même opération, de sorte qu'au lieu de racines, le poirier ainsi traité n'a qu'une masse toute ronde de *chevelu* ou racines fibreuses. Cette taille des racines arrête tout court la croissance des branches; le poirier ne produit plus de bois, mais il se couvre de boutons à fruit, et donne pendant quelques années des récoltes abondantes de poires égales en qualité à celles des arbres de même espèce dont on n'aurait pas taillé les racines.

Les poiriers ainsi traités ne vivent pas longtemps; ils ont besoin d'être soutenus par de forts tuteurs, et, comme ils manquent de racines pour aller au loin chercher dans le sol leur nourriture, ils doivent être plantés dans un sol saturé d'engrais très-consommé et fréquemment arrosés d'engrais liquide; moyennant quoi, grâce à la taille des racines, le propriétaire d'un très-petit jardin peut réunir sur un espace très-limité tout un assortiment des meilleurs poiriers, et récolter une ample provision des meilleures poires précoces et tardives : car toutes les espèces de poiriers se prêtent également à ce genre de mutilation.

Palissage des arbres en espalier. — Treillages et abris. — Sous le climat de Paris et des départements situés au nord de Paris, la culture des arbres fruitiers en espalier est pratiquée sur une grande échelle; les arbres fruitiers cultivés en espalier veulent être palissés, soit sur la surface du mur, soit sur un treillage dont cette surface est garnie. Les arbres peuvent être fixés sans intermédiaire sur la muraille; ce genre de palissage n'est avantageux que quand les murs peuvent être à bon marché recouverts d'un enduit solide. C'est ce qui a lieu à Montreuil-aux-Pêches, où il existe de nombreuses carrières de plâtre. La branche qu'on veut palisser est enveloppée d'une petite bande de drap coupée carrément, dont on réunit les bouts pour les clouer dans l'enduit de plâtre dont le mur est revêtu. C'est ce qu'on nomme *palissage à la loque.* Les tailleurs de Paris vendent pour cet usage aux jardiniers de Montreuil et des communes voisines des quantités de rognures de toutes sortes d'étoffes de laine. Pendant les longues soirées d'hiver, les femmes et les enfants façonnent ces rognures en morceaux carrés, pour que le jardinier les trouve prêts au moment de s'en servir.

Tout le monde connaît le treillage ordinaire à mailles carrées formées de lattes de chêne, dont les murs garnis d'arbres fruitiers en espalier sont habituellement recouverts. Le palissage sur ce genre de treillage est le plus usité pour les pêchers et les autres arbres fruitiers, la vigne seule exceptée. Sur les murs à bonne exposition uniquement consacrés à la vigne en cordons, on n'établit pas de treillage; on tend, à la distance de $0^m,30$ les unes des autres, des lignes de gros fil de fer assujetti sur de gros clous. Une ligne sert à maintenir le cordon de vigne; la ligne située immédiatement au-dessus sert à palisser dans une position verticale les sarments de l'année chargés de grappes, qui profitent ainsi complétement de la chaleur reflétée par la muraille à l'exposition du midi.

Les murs qu'on se propose de couvrir d'arbres fruitiers en espalier sont le plus souvent munis d'un *chaperon* en maçonnerie dont la saillie reçoit des morceaux de bois ou de fer inclinés en avant, sur lesquels on pose au printemps des paillassons, afin de préserver les pêchers et les abricotiers en fleur ou prêts à fleurir des effets désastreux des gelées tardives du printemps, qui leur sont si souvent fatales sous le climat de Paris. En Belgique, l'usage commence à s'introduire de substituer au treillage en bois des grillages en gros fil de fer à très-grandes mailles. Des supports en bois en potences mobiles sont passés dans les mailles de ce grillage sur lequel les arbres sont palissés, lorsque leur floraison est menacée d'être détruite par des retours de froids un peu sévères au printemps; des paillassons accrochés à ces supports protégent les arbres en fleur.

Arbres fruitiers hâtés et forcés. — Il est toujours agréable et souvent avantageux d'avancer par des moyens artificiels la maturité des fruits des arbres en espalier. Le plus simple de ces moyens consiste à accrocher au printemps au sommet du mur sur lequel ces arbres sont palissés des châssis mobiles couverts, les uns en verre, les autres en toile huilée. Sous ces abris, les pêchers, les abricotiers, les pruniers et les cerisiers en espalier fleurissent et nouent leurs fruits, quelque temps qu'il fasse; sous les châssis vitrés, la chaleur concentrée des rayons du soleil du printemps et de l'été fait devancer aux fruits, principalement aux pêches et brugnons, l'époque habituelle de leur maturité. Quand ces fruits sont ainsi hâtés de quinze à vingt jours, ils ont comme primeur une valeur considérable pour le jardinier de profession, et ils semblent au jardinier amateur de beaucoup supérieurs aux mêmes fruits récoltés dans leur saison naturelle.

A l'exception de la vigne, qui est forcée sur une assez grande échelle à Paris et dans les départements situés au nord de Paris, on force peu d'arbres fruitiers en France; quand le réseau de chemins de fer sera complété, on en forcera encore moins, les fruits précoces pouvant être reçus du midi très-rapidement et à très-bon marché; c'est une branche de l'industrie horticole qui se meurt; mais il suffit qu'elle subsiste encore pour que nous en exposions les principes.

Les jardiniers de profession qui forcent la vigne dans le but d'en vendre le raisin n'ont pas de serres pour cet usage.

Ils élèvent en plein air des ceps de vigne conduits sur fil de fer et taillés pour les amener au maximum de leur force productive à l'âge de quatre ans. Des châssis vitrés mobiles sont alors ajustés devant et au-dessus de ces vignes; la terre disposée en talus et des planches garnies d'épais paillassons tiennent lieu de mur de fond à cette serre improvisée. A l'une des extrémités de la ligne de ces serres, qui a souvent plus de 60 mètres de long, un thermosiphon est établi temporairement dans une fosse, de manière à pouvoir faire passer les tuyaux d'eau chaude devant toute la longueur du rang des vignes à forcer. La chaleur habilement ménagée fait entrer immédiatement la vigne en végétation dès la fin de novembre. On obtient ainsi avant la fin de l'hiver ou dans les premiers jours du printemps du raisin qui ne vaut jamais celui de même espèce récolté dans sa saison naturelle, mais qui se vend souvent à des prix extravagants; il est vrai qu'il en a coûté fort cher pour le faire mûrir, même très-imparfaitement, par le procédé dont on vient de donner un aperçu.

On obtient du raisin forcé un peu moins précoce, mais beaucoup meilleur, en tapissant d'une vigne plantée à l'extérieur, et introduite par une ouverture ménagée à cet effet dans le toit d'une serre tempérée à un seul versant, dont l'intérieur est consacré à la culture d'un assortiment de plantes et d'arbustes d'ornement. La taille et la conduite de la vigne ainsi forcée ne diffèrent en rien de la taille et de la conduite de la vigne à l'air libre.

Si vous disposez d'une serre semblable, plantez dans des pots d'assez grandes dimensions, en terre légère très-substantielle, des cerisiers greffés sur des sujets de Mahaleb ou Sainte-Lucie, rendus nains par ce genre de greffe; vous en trouverez de tout préparés chez la plupart des pépiniéristes. Aussitôt après la chute de leurs feuilles, placez-les dans la serre tempérée; ils ne demandent que des soins de propreté et des arrosages modérés, mais fréquents, pour fleurir et porter fruit avec abondance. Dès la fin de mars ou dans le courant d'avril, ces cerisiers nains chargés de fruits mûrs pourront être apportés sur la table au dessert, et vos convives auront le plaisir d'y cueillir eux-mêmes d'excellentes cerises; ils les trouveront d'autant meilleures qu'elles seront plus en avance sur l'époque de leur maturité à l'air libre. Le groseillier blanc et le rouge se forcent à la même époque et par le même procédé.

Groseilliers, framboisiers, arbres fruitiers méridionaux. — Le *groseillier à grappes*, à fruit blanc et rouge, et le groseillier épineux, sont, ainsi que le framboisier, des arbustes à fruit indispensables dans le jardin fruitier ; les semis heureux en ont depuis quelques années multiplié et vulgarisé les meilleures variétés.

Le groseillier à grappes porte fruit sur la base des rameaux d'un an, mais en petite quantité ; le bois de deux ans et de trois ans est le plus chargé de boutons à fruit ; le bois de quatre ans est à peu près épuisé. Ainsi, la taille du groseillier doit avoir pour but de favoriser constamment la croissance du jeune bois, afin que les branches épuisées puissent toujours être remplacées par des branches de deux ans et de trois ans, à leur maximum de fertilité.

Quant au *groseillier épineux*, on peut le livrer au cours naturel de sa végétation, en ayant soin seulement d'élaguer les rameaux superflus qui rendraient les touffes trop serrées et ne permettraient pas d'en cueillir les fruits sans se piquer cruellement les doigts.

Le framboisier pousse tous les ans du pied des rejetons nombreux qui permettent de supprimer ceux qui viennent de porter fruit. Au printemps, avant la reprise de la végétation, on taille les framboisiers en retranchant leurs sommités afin de concentrer la sève sur les yeux du milieu de la tige, qui donnent toujours les plus beaux fruits. La framboise ayant très-peu d'adhérence à son support, il est bon de rattacher les framboisiers à une ligne de treillage soutenue par des piquets, pour empêcher qu'une partie des fruits ne soit détachée par les vents violents, et par conséquent perdue, car la framboise mûre a si peu de consistance qu'elle s'écrase en tombant, à moins qu'on ne prenne la sage précaution d'étendre, à l'époque de sa maturité, un lit de paille au pied des framboisiers.

Il nous reste à dire quelques mots du *mûrier*, de l'*amandier* et du *figuier*, dont le fruit, quoique propre aux climats méridionaux, peut cependant être obtenu de bonne qualité sous le climat de Paris, dans quelques localités privilégiées.

Le mûrier mûrit très-bien son fruit dans une situation suffisamment abritée ; sa véritable place est à l'entrée d'un bosquet qu'il contribue à orner par la beauté de son feuillage lustré. Ses fruits ont plus encore que ceux du framboisier le défaut de ne pas adhérer à la branche et de tomber naturellement dès qu'ils sont mûrs, de sorte qu'il s'en perd toujours une grande partie. Cet arbre prend lui-même une bonne forme et n'a pas besoin d'être taillé.

L'amandier fleurit de si bonne heure qu'on ne peut pas

compter sur sa fructification; le proverbe dit en Provence :
« Quand l'amandier fleurit en janvier, on récolte le fruit
sans panier. » L'amande mûrirait à peu près tous les ans sur
des arbres en espalier, mais ce fruit n'a pas assez de valeur
pour qu'on donne aux amandiers, le long des murs à bonne
exposition, la place qui revient à d'autres arbres plus précieux ; nous le mentionnons pour mémoire. On peut en ha-
sarder quelques pieds dans un lieu très-bien abrité : l'arbre
végète exactement comme le pêcher de vigne et ne se taille
point.

Le figuier, encore plus essentiellement méridional que
l'amandier, ne passe l'hiver, dans les environs de Paris,
que lorsqu'il est couché avant l'arrivée des premiers froids,
entouré soigneusement de paille, solidement attaché et recouvert de terre pour être dégagé au mois de mai de l'année
suivante. C'est la manière dont on le fait hiverner au village
d'Argenteuil, qui fournit à Paris de très-bonnes figues vers la
fin de l'été.

(Extrait de divers auteurs, et particulièrement du
Jardinage, par M. Ysabeau.)

Conservation des Fruits.

Pour avoir une bonne fruiterie, il faut nécessairement
établir une espèce de tambour devant la porte d'entrée, et
n'ouvrir celle-ci qu'après avoir fermé la porte du tambour,
puis refermer toutes les deux sur soi ; il faut aussi avoir
soin de tenir les fenêtres bien closes.

On doit éloigner la fruiterie du fumier, des écuries, de
tout ce qui a une odeur forte ; ce lieu ne doit servir qu'à
conserver les fruits ; le plus souvent, et très-mal à propos,
on en fait une sorte d'entrepôt.

Les pêches sont meilleures lorsqu'elles ont passé un jour
ou deux dans la fruiterie.

Le moment de cucillir le fruit d'hiver dépend du climat et
de la saison ; pour celui d'été, il vaut mieux le cueillir sur
l'arbre, à son point de maturité, il en est plus parfumé.
J'ajouterai que dans les pays froids le fruit craint moins de
rester plus longtemps sur les arbres que dans les pays chauds,
parce que la maturité y est moins prompte ; mais il ne faut
pas se laisser surprendre par les gelées.

Quelques amateurs gardent des pommes des années entières, et jusqu'à deux ans, dans des caves ou souterrains
où l'air, moins sec, moins subtil que celui du dehors, au

lieu de pomper le suc des fruits, les entretient frais, au contraire; ils ont la précaution de ne pas approcher ces pommes trop près les unes des autres, et de les ranger sur des tablettes couvertes d'une mousse fine et tendre qu'on a soin de battre au soleil chaque fois qu'on veut la faire servir de nouveau. Chacune de ces pommes est placée à deux doigts de distance de sa voisine; elle s'enfonce doucement dans cette mousse, qui se relève entre deux : de sorte que celle qui vient à se gâter ne communique point son mal aux autres.

Si l'on est assez heureux pour avoir un caveau avec les qualités requises, sans y mettre des tablettes, ni revêtir les murs de planches, on y place une ou deux échelles doubles, plus ou moins, suivant l'étendue du lieu; on laisse des sentiers autour des échelles; on ouvre celles-ci, et l'on pose des planches bordées de lattes, d'un échelon à un autre, ce qui forme des étages dont les plus larges se trouvent en bas et servent pour les fruits communs, qui sont en plus grande quantité; les moins vastes, en haut, sont destinés aux fruits les plus distingués : on a soin de faire souvent la visite, pour ôter à mesure les fruits pourris et emporter ceux qui sont faits. Quelques curieux, quand ils ont de magnifiques poires et de beaux raisins qu'ils veulent conserver pour des occasions, passent un fil au milieu de la queue, puis ils couvrent la plaie et le bout de la queue d'une goutte de cire d'Espagne; après quoi, mettant ces fruits dans un cornet de papier, ils font sortir ce fil par la pointe du cornet, pour les suspendre par là, le cornet étant bien fermé par les deux bouts, afin d'empêcher toute impression de l'air extérieur, dont l'action est la cause principale qui fait gâter les fruits. Pour garder ceux-ci, il faut donc les garantir de tout contact avec l'air extérieur. Des fruits placés sous le récipient d'une machine pneumatique, quand on a fait le vide, s'y conservent jusqu'à ce qu'ils soient remis à l'air. Quelques-uns les placent dans des boîtes seulement fermées hermétiquement; d'autres mettent dans ces boîtes, avec les fruits, du son, lit par lit, ou bien encore ils les y enveloppent avec précaution dans du regain.

CHAPITRE XII.

Du Drainage.

Beaucoup de terres sont pour ainsi dire improductives, parce qu'elles sont trop humides. En les drainant, on les rend fécondes; dans ce but, on y ouvre des tranchées dans lesquelles on introduit des tuyaux de terre cuite, et on forme de cette manière des canaux souterrains par lesquels s'écoulent les eaux surabondantes du sol. Ces issues servent en même temps à faire pénétrer l'air dans les terres, ce qui les fertilise aussi. On appelle cette opération *drainage*, du mot drains qu'on a donné aux tranchées dans lesquelles on pose les tuyaux dont nous avons parlé ci-dessus. On exécute ordinairement ces travaux dans les terres fortes, froides ou grasses, dont le sous-sol est imperméable, et dans les sols qui produisent spontanément, le pas-d'âne, l'arrête-bœuf, la sauge, la queue-de-renard, la traînasse ou cochonette, l'ornithogale, la renouée, la matricaire ou camomille, la persicaire, l'agrostis ou épi-de-vent, qui sont une preuve de l'imperméabilité du sous-sol. Les renouées, les prêles, les cochonettes, les menthes ou baume sauvage, les narcisses, dénotent toujours l'existence d'une nappe d'eau souterraine plus ou moins abondante, ou, du moins, indiquent que le sous-sol est saturé d'eau. Dans les prairies, les laiches de toute espèce, les scrophulaires ou bétoines d'eau, les iris-pseudo-acorus ou glaïeuls des marais, les joncs, les renoncules âcres ou grenouillettes, les rhinantes ou crêtes-de-coq, le colchique d'automne ou tue-chien, les choins, les scirpes, le souchet, la linaigrette et l'orchislatifolia ne laissent aucun doute sur la nécessité du drainage, mais du drainage aussi profond que possible. Dans les sables à sol mince ou à sous-sol imperméable, il est également nécessaire de recourir au drainage.

Avant d'effectuer cette opération, il y a une étude sérieuse à faire. Il faut d'abord s'assurer de la nature du sol, et ensuite des moyens de procurer un libre cours aux eaux que l'on désire évacuer. Il serait peut-être difficile de trouver, en Europe, deux hectares de terrain exactement de même nature : il n'est donc possible d'établir de règles fixes ni sous le rapport de la profondeur des tranchées, ni sous le rapport des distances à ménager entre elles, ni au point de vue de la pente à donner aux drains.

Il est bon qu'on sache d'abord qu'il n'est pas de terrain complètement imperméable, et que si l'épuisement de l'eau, nuisible à la végétation et aux travaux agricoles, est l'effet immédiat du drainage, le principal avantage de cette opération est d'ameublir, de réchauffer et d'aérer les sols compactes.

Un grand nombre de personnes pensent à tort que le drainage n'est guère applicable que dans les marais. C'est une erreur qu'il importe de faire cesser. La question d'espacement des drains a été l'objet de longues et sérieuses études, ainsi que celle de la profondeur à donner aux tranchées; il s'est produit des opinions bien divergentes. Toutefois, le drainage profond l'a définitivement emporté, et il ne pouvait en être autrement.

Quand la pente du terrain est assez forte, on peut, à la rigueur, se dispenser de le niveler; mais c'est une exception. Le nivellement est une excellente précaution. Le plan est presque toujours indispensable. Un bon projet de drainage de quelque importance ne doit être établi que sur des données que fournit le plan des lieux et le nivellement qui permet seul d'avoir le relief exact du terrain, car on comprend aisément qu'il faut toujours agir de manière à pouvoir, sans se tromper, diriger les drains dans la direction des plus grandes pentes.

Une fois le tracé effectué, on peut procéder à l'ouverture des tranchées. Les ouvriers ont des cordeaux qu'ils placent de chaque côté de l'espace de terre qu'ils veulent creuser, à une distance de 0^{m}20 à 0^{m}225 du milieu de ce terrain : à l'aide de ce guide, ils font ce qu'ils appellent le cisèlement, opération qui s'exécute à la bêche ordinaire, et qui consiste à pratiquer, de chaque côté de l'endroit que l'on veut ouvrir, une coupure de 0^{m}15 à 0^{m}20, qui permet ensuite d'ouvrir assez facilement la tranchée dans la forme voulue, qui est déterminée par un gabarit en bois que l'on donne aux ouvriers et qui leur indique exactement la figure que doit avoir le drain ou tranchée.

Nous connaissons des personnes qui n'ont donné à leurs drains que 0^{m}002 de pente par mètre, soit 0^{m}20 pour 100 mètres; nous en avons vu d'autres n'y donner seulement que 0^{m}001 par mètre, et cependant ils ont tous parfaitement réussi.

Lorsque les drains ont une grande longueur, on pratique sur plusieurs points des bouches de dégagement. Lorsqu'il n'est plus possible d'obtenir une profondeur suffisante, on ouvre dans le bas de petites tranchées intermédiaires. Dans les parties où l'espacement des drains est de 13^m à 15^m seulement, on commence par placer de petits tuyaux, puis on en emploie de 0^m375 de diamètre.

Nous nous servons pour nos collecteurs (on appelle de ce nom des tranchées dans lesquelles d'autres drains conduisent leurs eaux), soit de gros tuyaux seuls, soit deux côte à côte, soit trois petits ensemble en pyramide. C'est une question qui ne peut présenter d'embarras. On emploie ce que l'on a, et si on procède avec réflexion, on peut compter sur d'excellents résultats.

On creuse généralement les drains de 10^m à 20^m de distance, et les tranchées ont, en gueule, 0^m50 en moyenne.

Avant de poser les tuyaux, le contre-maître doit tasser le fond des drains ou confier ce soin à un autre lui-même; après quoi il pose les tuyaux. Avant de commencer cet ouvrage, il donne des ordres pour qu'un jeune homme, dont la présence dans un atelier est toujours nécessaire, range le long des drains des tuyaux, ou, suivant le cas, des manchons (c'est une partie d'un tuyau divisé en quatre sections), ou des demi-manchons (on appelle ainsi un manchon coupé en deux); on place les manchons et les demi-manchons au point de jonction des tuyaux, afin d'empêcher la terre de s'introduire dans les canaux artificiels formés par les tuyaux et de les obstruer. Lorsqu'on n'a ni manchons ni demi-manchons, on les remplace par des pierres plates ou des morceaux de tuile. Un troisième ouvrier suit, par derrière, avec une pince, pour placer ou les pierres, ou les manchons, ou les demi-manchons, ou les éclats de tuiles, à la jonction des tuyaux; un quatrième jette, avec précaution, quelques pelletées de terre sur les recouvrements, afin de les assurer; un cinquième complète le remblai de la tranchée, sur une hauteur de 0^m25 à 0^m30; et un sixième, muni soit d'un pilon, soit d'un cylindre légèrement concave en dessous, tasse les terres avec soin, afin qu'elles ne se détrempent pas au moment des pluies; car alors, changées en boue, elles finiraient par engorger les tuyaux. Ces opérations se font en même temps, si l'on a un nombre suffisant d'hommes intelligents. Le premier, lorsque les drains ont été tassés, pose les tuyaux; le jeune homme dispose d'autres tuyaux sur le bord des tranchées, en ayant soin de se tenir toujours à une certaine distance en avant du poseur, afin de pouvoir donner à ce dernier les instruments dont il se trouverait avoir besoin pour fixer les tuyaux et les placer suivant une direction et une pente aussi régulières que possible.

Quand on n'a pas assez d'ouvriers pour agir avec cet ensemble si désirable, on fait ce que l'on peut, le mieux que l'on peut, en suivant la marche que j'ai tracée. Les tuyaux doivent être posés bout à bout. Les rugosités ou rides des extrémités suffisent pour former les vides nécessaires à la prise des eaux, par distance de 34 à 34 cent. et demi, longueur des tuyaux que nous employons. L'instrument dont nous nous servons pour la pose des tuyaux, permet d'en placer de toute grandeur. Chaque tuyau de la rangée disposée le long des drains, est revêtu de son manchon, et le contre-maître pose, chaque fois, un tuyau et un manchon, en introduisant l'extrémité du tuyau, restée libre, dans le manchon qui recouvre le tuyau précédent, de manière à ce que le point de jonction se trouve précisément au milieu de chaque manchon. On donne au fond des tranchées une largeur exactement égale au diamètre du tuyau que l'on doit y placer.

On comprend qu'il est de toute nécessité que le système des tuyaux soit assez solidement établi pour qu'il n'y ait à craindre aucun dérangement dans les lignes, parce que, si cela arrivait, les eaux rencontreraient, pour s'écouler, des obstacles qu'elles surmonteraient, mais qui auraient pour effet de retarder l'assainissement complet des terres drainées.

La largeur du haut des tranchées varie suivant la profondeur ; elle doit être de 0^{m}40 pour 0^{m}70 de profondeur, et de 0^{m}65 pour 1^{m}60 de profondeur. Un bon ouvrier peut poser cinq cents tuyaux dans une heure. Il est bien entendu que l'emploi des manchons est une mesure tout-à-fait exceptionnelle. On ne s'en sert que dans les terres complètement glaiseuses.

Nous avons le plus grand soin de recommander à nos ouvriers chargés du premier remplissage, lequel a de 0^{m}20 à 0^{m}25 d'épaisseur, de ne jamais faire cette opération en descendant, mais bien en remontant. Plus la pente du terrain est forte, plus cette précaution est utile.

Si, après l'exécution des travaux, à une époque plus ou moins éloignée de l'achèvement de l'opération, on voyait couler l'eau trouble, il faudrait profiter d'un jour de beau temps, et, le plan à la main, parcourir le terrain dans le sens des drains, afin de s'assurer s'il n'existerait pas de parties *mouillantes* et des affaissements trop marqués.

De tous les systèmes, deux nous paraissent seulement pouvoir être appliqués à défaut de tuyaux. J'appellerai l'un fascinage, l'autre empierrement; pour confectionner des drains d'après cette dernière méthode, j'accorderai la préférence à l'emploi du gravier ou du silex concassé, en fragments de la grosseur d'un œuf de poule; mais, dans l'un et l'autre cas, il faudrait que ces matières fussent purgées avec le plus grand soin de toute espèce de terre; qu'elles fussent placées avec précaution dans les drains creusés en talus, de manière à empêcher des éboulements, toujours fort à craindre; que la tranchée, d'une profondeur de 1^m30 s'il était possible, en fût remplie, sur une hauteur de 0^m25 en moyenne, et que la terre, placée au-dessus avec soin sur une hauteur égale, fût pilonnée avec force sans secousses, afin de prévenir l'engorgement des drains, par suite des pluies qui pourraient survenir avant le complet achèvement des travaux.

Un drainage avec fascines peut durer plus de quarante ans. Mais il faut faire les drains le plus étroits possible, et ne leur donner au fond que 4 à 5 centimètres de largeur. L'eau réunie en un seul filet y coule avec plus de force que si elle se répandait en nappe dans une largeur plus grande. La fascine se fait avec des menus branchages de n'importe quel bois; quand elle est détruite, la terre se trouve prise en voûte au-dessus; c'est encore là un avantage capital de faire la coupure fort étroite. La grosseur de la fascine doit être telle qu'elle n'entre que de force dans cette petite tranchée. Avant de remplir l'ouverture du dessus, on met sur la fascine une petite couche de paille, des joncs ou des genêts destinés à empêcher la terre fine d'engorger le creux. Il faut lier assez fortement les fascines pour que les terres ne puissent passer entre les parties qui les composent, parce qu'elles doivent, pour remplir exactement l'ouverture des drains, être chassées avec force et permettre de ménager en dessous un vide qui suffise à l'évacuation des eaux, quelque abondantes qu'elles puissent être.

Quand il n'y a pas de fossé de décharge, ou quand la pente est presque nulle, on fait évacuer les eaux provenant du drainage au moyen de puisards qu'il faut nécessairement créer dans le terrain que l'on veut drainer. On peut creuser les puisards ou puits absorbants, ou boit-tout, dans une fosse au centre de la partie la plus basse du sol que l'on veut égoutter. Ce travail s'exécute en pratiquant d'abord une excavation circulaire dont l'orifice présente environ deux ou trois mètres de diamètre ; on diminue ce diamètre à mesure que l'on descend, afin que les parois, disposées en talus, ne s'éboulent pas.

A une profondeur qui dépasse rarement 4 à 5 mètres, on arrête l'excavation, et l'on pratique au centre un forage qui pénètre au-dessous de la couche imperméable. On introduit alors dans le trou de sonde un tube de bois d'orme ou de chêne, et pour prévenir l'engorgement de ce tube, on en recouvre l'orifice supérieur avec de petites branches d'arbres, puis on place par-dessus une grosse pierre plate dont les côtés reposent sur deux autres pierres latérales ; enfin, on remplit presque entièrement l'excavation avec des cailloux. Ces travaux terminés, les eaux qu'on a soin de faire successivement converger, au moyen de tranchées, vers le puits absorbant, y disparaissent par infiltration.

Prix de revient du drainage.

Si nous avons fait drainer à des prix assez élevés, nous avons pu descendre quelquefois à 135 f. par hectare, et notre moyenne, en définitive, pour quarante opérations ordinaires, n'a pas dépassé le chiffre de 250 fr. par hectare.

Avantages résultant du drainage.

Le drainage augmente considérablement la quantité et la qualité des récoltes dont il avance la maturité de huit à dix jours.

Enfin, en drainant les terres humides, en asséchant les marais, on assainit le climat, on chasse pour toujours ces dangereuses fièvres qui font périr tant de malheureux dans les pays marécageux.

(Extrait du Manuel de A. VITARD.)

APPENDICE.

Secours à donner aux noyés.

Aussitôt que le noyé est retiré de l'eau, il faut lui passer les doigts dans la bouche, pour en extraire les muscosités ou corps étrangers qu'elle peut contenir, puis transportez-le rapidement dans la maison où il doit être secouru.

Si c'est en été, donnez les soins sur le rivage. Goupez les vêtements pour le déshabiller plus vite, couchez-le sur le dos, penchez-le légèrement sur le côté droit, pour faciliter l'écoulement des liquides contenus dans l'arrière-bouche ; mais gardez-vous de le suspendre par les pieds, c'est là une mesure barbare et inutile.

Si vous êtes dans une maison, réchauffez-le, en promenant sur tout le corps des fers à repasser, ou des briques convénablement chauffées, en le frictionnant avec de la flanelle chaude, que vous pouvez enduire d'un liniment amoniacal, si vous l'avez.

Manquez-vous de ces objets, frictionnez-le avec le premier morceau de laine venu, même avec la paume des mains, et couvrez son corps avec vos vêtements.

S'il ne donne point signe de vie, placez sous son nez un flacon plein de vinaigre radical ou d'ammoniaque étendu ; chatouillez l'intérieur des narines et de la bouche avec les barbes d'une plume trempée dans l'un de ces liquides ou dans l'eau des carmes ; imitez les mouvements de la respiration, en pressant légèrement et par reprise la poitrine et le bas-ventre.

Si vous n'apercevez pas le retour de la vie après cinq minutes de ces tentatives, recourez à *l'insufflation pulmonaire*, moyen vraiment héroïque. A défaut d'instrument, appliquez votre bouche sur celle du noyé et tâchez de faire pénétrez l'air dans ses poumons ; pourtant ne soufflez pas trop fort, car une insufflation violente serait dangereuse. Si vous avez un tube de gomme élastique long de quinze à vingt centimètres, ou un tube laryngien, et que vous ayez assez de zèle pour avoir appris à vous en servir, vous introduirez l'instrument et vous soufflerez dans son embouchure au moyen d'un soufflet ou de votre bouche, ayant toujours bien soin de ménager l'insufflation, et de la faire par secousses douces et successives.

En même temps, une autre personne, imitant les mouvements d'inspiration et d'expiration, frottera et comprimera doucement et alternativement la poitrine et le bas-ventre.

Après cinq minutes d'insufflation, et tandis qu'on continue l'usage de ce moyen, il faut recourir aux lavements de fumée de tabac. Si vous n'avez pas d'autre appareil sous la main, prenez une pipe bourrée et allumée, introduisez le tuyau dans l'intestin du noyé, appliquez sur le fourneau de cette pipe celui d'une autre pipe vide, et soufflez par le tuyau de celle-ci; en même temps, une autre personne frictionnera le ventre, comme pour éparpiller la fumée dans l'intérieur de l'intestin.

Si cela ne suffit pas pour réveiller la vie, vous injecterez dans l'intestin une dose de cinq grammes de tabac, avec addition de trente grammes de sel marin.

Pendant qu'une autre personne continuera l'insufflation pulmonaire, vous insisterez pendant une ou deux heures sur la projection de la fumée de tabac. Quand vous entendrez un bruit sourd, une sorte de gargouillement se faire dans le ventre, soyez sûr de l'efficacité des secours. Ce bruit est le signal du retour à la vie.

Maintenant, deux observations de la plus haute importance :

1° Ne renoncez pas facilement à secourir un noyé; souvent l'asphyxie n'a cessé qu'après avoir duré plusieurs heures;

2° De ce qu'un individu est resté longtemps sous l'eau, il ne faut pas conclure qu'il soit impossible de le sauver. Beaucoup de noyés ont été rappelés à la vie après un quart-d'heure, une demi-heure et même plusieurs heures de submersion.

(Extrait du *Bulletin de l'Instruction primaire.*)

TABLE ALPHABÉTIQUE

DES MATIÈRES.

TABLE.

TABLE.

Rennes, imp. de F. Péalat.